Christine Paxmann

Waldlust

Christine Paxmann

Waldlust

Sich verlieren und sich finden im Wald

Sanssouci

Inhalt

Waldmärchen

Von der Autobahn aus betrachtet, ist der Wald ein Stück Muster, mal mehr und mal weniger grün, mal löchrig, dann wieder flauschig wie ein Riesenteppich für Giganten, die wahrscheinlich in mythischen Urzeiten hier gelagert und mit ihren schweren Füßen Mulden und Gräben gepflügt haben oder Hügel als Kissen nutzten. In jedem Fall ist der Wald, den Märchen sei Dank, von frühster Kindheit an mit etwas Schwerem belastet. Man kann sich im Wald verlaufen, wilde Tiere wohnen darin und manche kommen sogar darin um. Wilde Menschen verbergen sich ein Leben lang im Wald. Und meschuggene Großmütter nehmen Geschwisterpaare gefangen und sperren sie in kochend heiße Käfige, auf dass sie irgendwann knusprig sind. Der Wald ist Märchenland und so wird er Kindern vermittelt, die nicht zufällig in Waldnähe aufwachsen. Doch welches

Kind tut dies heute schon? Wo sich doch zwei Drittel aller Menschen in Metropolregionen ballen, in denen der Stadtwald das höchste Freizeitgut darstellt.

Vielleicht ist uns der Wald so fremd geworden, weil man ihn erst aufsuchen muss. Raus ins Grüne heißt meist so viel wie rein in den Wald. Solange sich darin auch Bespaßungszentren wie Wildparks, Wildschweinfütterungen und Märchenwälder verbergen, geht das noch alles an, ab dem Augenblick, da der Wald zum Outdoorerlebnis wird, begeben sich die Menschen gerne in Gruppen in den Wald. Überleben ohne Hilfsmittel, Übernachten im Nachtwald, Kochen mit nix, barfuß Wandern auf Waldböden.

Der Wald als Event oder als Hölle. Denn manche Wälder haben wenig Licht, knacken, wenn man es nicht vermutet, und benehmen sich schaurig bei Sturm. Schon eine windige Schonung kann fürchterlich wirken, wenn die Stämme eine Wand bilden, durch die labyrinthische Pfade führen. Im Wald kann man sich verirren, auch wenn die meisten Menschen niemals die Pfade verlassen, die durch Wälder führen. Es ist ja nicht so, dass unsere mitteleuropäischen Wälder wilde Urgebilde sind, in denen niemand sich auskennt, nein, jeder Wald gehört jemandem, jeder Wald wurde sicherlich schon kartografiert, eingeordnet, von Förstern gehegt und fotografiert, von Waldarbeitern durchstreift und von Jägern entwaidet. Wald gehört Privatpersonen, Gemeinden oder dem Staat. Wald ist fast immer auch Wirtschaft, Macht, Politikum, Handelsware und territoriales Kapital.

Für den Städter aber bleibt der Wald ein grünes Muster, das neben den Autobahnen für ein Minimum an Ablenkung sorgt. Der Wald als Masse wirkt wie eine Landschaftstapete, die zweimal im Jahr für das Auge besonders interessant wird, im Herbst und im Frühjahr, wenn der Laubwechsel für jene Augenmuster sorgt, die man als wohltuend empfindet. Städter, die ihren urbanen Lebensraum verlassen, vielleicht um von A nach B zu kommen, wollen ja von der Natur auch bespaßt werden.

Ich nehme mich da nicht aus. Ein Wald zwischen Ende November und Ende März kann einen schon melancholisch werden lassen. Im Nebel sieht man nur graugrüne Stämme und Äste. Dann wird die Autobahnfahrt zur Dystopie – so könnte es mal aussehen, wenn ein Vulkanausbruch die Sonne verdunkeln würde, immergleiches Grau mit Braun. Dann ist der Wald, den wir ja immer nur als »den Wald« bezeichnen, egal, ob er nadelig, belaubt oder gemischt daherkommt, weit weg von der wildromantischen Vorstellung, die so fest in unsren Köpfen sitzt wie der schaurige Wald. Und die ihre Ursprünge in unsrer Kindheit hat, wenn wir mit Büchern groß geworden sind. In der Kinderbuchwelt gibt es Wälder, die grundsätzlich von schrulligem Personal bewohnt werden. Furchtbar nette Bären mit Liebeskummer, Schrate, die vom Alleinsein geheilt werden müssen, Nager, die ihre Welt verbessern wollen, und Igelkommunen mit einem Familienbild wie vor hundert Jahren. Da wird gebacken, gegessen, getröstet und geschlafen, gereimt, geholfen, geliebt. Dass die Idyllenforschung noch nicht ein Teil der Psychologie ist, man wundert sich. Ganze Generationen sind mit Waldidyllen groß geworden, in denen Marienkäfer schwere Blumenlasten tragen, Grashüpfer und Frösche in Gummistiefeln unter Fliegenpilzen picknicken und Hasen malend durch die Botanik stapfen. Ernst Kreidolf, Ida Bohatta, Fritz Baumgarten, die Lurchi-Bücher einer Schuhmarke, bis heute. Da werden Waldbücher auf Naturpapieren gedruckt, sind dadurch ein wenig matt in den Farben, aber öko. Der Wald als Lieferant für Naturpapier. Auch das.

Der Wald – eine Furcht, eine Idee, eine Form der Romantik, ein Mythos? Der Wald ist ein Bild in uns und dabei Kulturlandschaft, die es zu bewirtschaften gilt.

Was also ist sie, diese Waldlust?

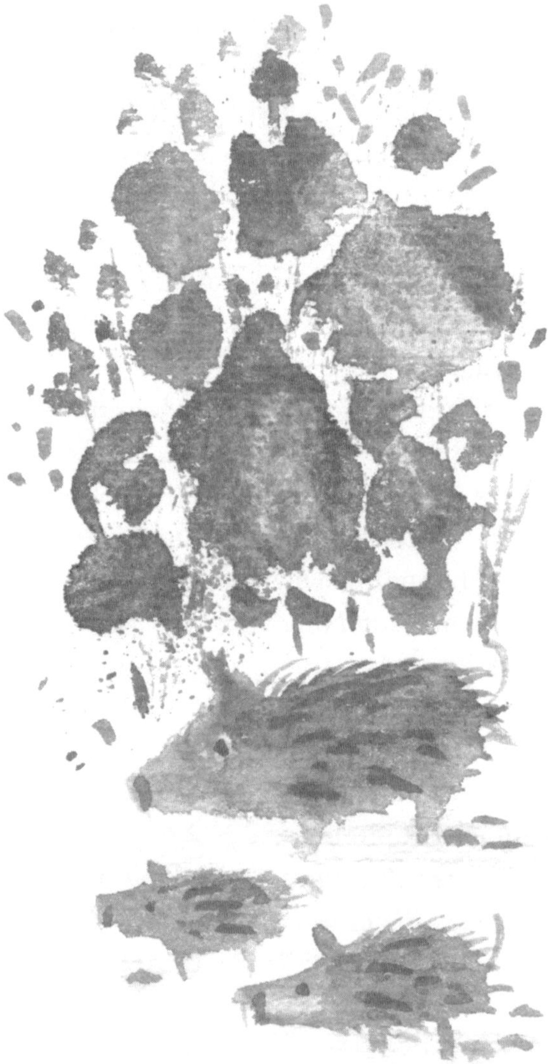

Wer sind wir im Wald?

Tiere im Wald, nichts Schöneres können wir uns vorstellen als die Harmonie zwischen Fauna und Flora. Wir sind Bambi-Romantiker. Entdecken wir eine Ricke mit ihrem Kitz am Waldrand, sehen wir gebannt zu, wie sie sich in die Schutzlosigkeit wagen. Feldhasen, die witternd am Feld stehen, um im Dickicht zu verschwinden, sind uns eine Osterhasengeschichte wert. Sausuhlen lassen vermuten, dass Rotten in der Nähe sein könnten. Einem Wildschwein will man nicht zu nah kommen. Hirsche sehen normale Waldläufer eher selten. Dafür hören sie fünfzig verschiedene Vögel und können keinen Laut zuordnen. Ich nehme mich nicht aus. Den Specht erkenne ich, doch was da sonst noch fliegt – ein Buch mit zwei Flügeln. Aber wie heißt es schon bei

Lucretius in seinem Buch *De rerum natura*, diesem zweitausend Jahre alten Text, der zwischen Naturwissenschaft, Phänomenologie, Mystik und epikuräischer Empfindsamkeit hin- und hermäandert, und das in nicht weniger als 1200 Versen: »*Misstraue dem Empfinden, es kann dich täuschen.*«

Der Wald und seine Bewohner bleiben ein Rätsel für uns Laien. Und wir sind alle Laien, die wir keine Jäger oder Förster oder Biologen sind. Also gehen wir in den Wald als Toren. Lassen Farben wirken und Gerüche und Reize, die wir uns zurechtlegen, solange wir nur davon träumen.

Träumen tut niemand, der im Wald arbeitet. Rotwild verfegt die Bäume, durch die Wunden in den Borken können Pilze eindringen, die Rotfäule verursachen. Das Holz wird dann kein gutes mehr sein, was sich im Preis pro Festmeter ausdrückt. Wie viel Wild darf also sein, bevor das Holz verdirbt? Darüber können sich Jäger und Förster sehr unterschiedlich echauffieren. Der Laie gibt auch was dazu, nämlich die

Naturromantik! Wie kann man nur Tiere töten, sei es aus Waid- oder aus Waldsicht? Was man gerne vergisst: Der Wald ist eine Landwirtschaft mit Tieren und Pflanzen, Bäume werden geerntet, Tiere gehalten und … verkauft. Entweder als Jagdziel oder erlegt als nahrhaftes Superfood, denn schöner kann Fleisch nicht wachsen als im Wald. Manches Wild wird auch gefüttert, damit es überleben kann im Wald. Wie viel Wild was genau fressen darf, regeln Verordnungen. Würde man sich als Laie damit befassen, käme man in den Wald. Abschusspläne, Jagdkalender, Schonzeiten. Irgendwer muss immer geschützt werden vor dem anderen. Tiere vor Menschen, Menschen vor Tieren, Wald vor Wild und Wild vor Weide und Weide vor Wild. Denn in so manchem Wald leben auch Wesen, die man vor allem schützt, weil sie selten sind. Wolf und Luchs und manchmal ein Bär. Und dann wird es auch schon sehr, sehr unromantisch, denn des einen Freud' an den Urbewohnern ist des andren Leid. Dann stoßen Artenschützer, Bambi-Romantiker, Agrarvertreter und Gefahrenschützer aufeinander.

Unsere Waldgebiete sind zivilisationsnah, also verirren sich auch wilde Tiere in die Städte. Besser, sie täten es nicht. Aber irgendwie halten sie sich nicht an die Vorschriften und benehmen sich grenzenlos. Der Wald ist ein Zankapfel, aber davon merkt der Laie nichts. Denn er ist immer noch in einer Schleife aus gelerntem Gedankengut der Romantik, Weltrettung und grüner Lunge. Der Wald polarisiert. Er ist Gesundbrunnen und Heilort, Ertragslandschaft und Beispiel für Nachhaltigkeit. Und ein Ort, der gepflegt werden muss.

Was wir im Wald sehen – wir, die Laien –, sind keine zufälligen grünen Ereignisse, sondern Ergebnisse zukunftgerichteten Planens. Hier etwas aufgeforstet, dort Licht ins Dunkel gebracht, da wieder Laubbäume angepflanzt, zum Beispiel als natürliche Schranke für den Borkenkäfer, dem es im Laubholz nicht schmeckt. Sorgsam gesetzte Waldränder, die Artenvielfalt zeigen. Zum einen Behausung für vieles, was lebt, zum anderen als sanfte Windableitung, damit ein Sturm nicht mit aller Macht ins Gehölz fahren kann. Ein idealer Waldrand baut sich von unten nach oben sanft auf. Häufelt Laub- neben Nadelholz, Busch und Gehölz und puffert so die empfindlichste Stelle des Waldes ab. Da, wo er sich nicht wehren kann, dort, wo er großen Kräften ausgesetzt ist. Wir Laien sehen nur ein Vielfaltsgrün und die unterschiedlichen Strukturen der Blätter, die einen Waldrand so lebendig machen. Hier flirrt es kleinblättrig, dort zergliedern wuchtige Büsche den ansteigenden Saum, der einen Wald wie ein Polster umgibt, aus dem sich bei nahender Dunkelheit die Rehe wagen und in den sie auch wieder verschwinden und in dem sie sich verstecken. Manchmal ragen Kanzeln aus diesen grünen Säumen, die Leuchttürme der Jäger, für die der Waldrand Schutz und Jagdgrund zugleich ist.

Über den idealen Waldrand gibt es Doktorarbeiten, während wir Laien glauben, das habe sich alles gar zufällig hier angesiedelt, weil's im Schutz des Waldes so nett ist. Der Wald, wie wir ihn kennen, ist kleinstteilig kartiert und letztendlich Geld, das wächst. Dabei noch grüne Lunge, Klimaschützer, Erholungsraum, Artenschutz und romantische Tapete. Denn eigentlich wollen wir Laien weder etwas von Wildverbiss noch von Waldwirtschaft hören, wir wollen keine Erntepläne und keine Rückegeräte sehen. Und wir wollen schon gar nicht um die Vorstellung gebracht werden, dass unser Wald Teil eines komplexen Theaterstücks ist, mit einem Plan und vielen Interessen. Vielleicht ist das der wahre Mythos Wald, dass er Träume mit Wirtschaft und Politik vereint und wir uns in jeder Rolle darin verlieren können? Oder uns finden …

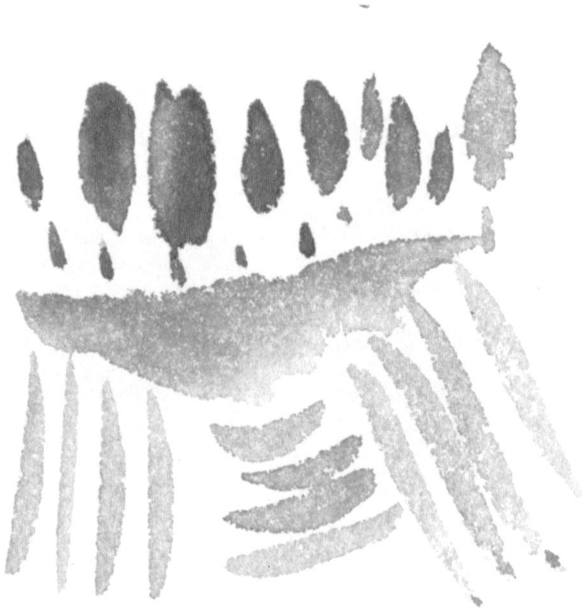

Frühlingsbetrug

Den Wald erobern, wenn er noch ganz nackt ist, so fühlt sich der erste große Waldspaziergang im Frühling an. Ich stapfe Ende März, Anfang April immer ganz erwartungsfroh los und stelle nach wenigen Metern fest, dass die Romantik im Kopf der in der Realität weit voraus ist. Im März-Wald herrscht eine Farbe vor: Grau mit Stich ins Braune. Kein kleines Hellgrün weit und breit. Die ockerfarbenen Gräser liegen gerade von der Schneelast befreit und noch niedergedrückt am Boden. Blümchen heben schon ihre Köpfe dazwischen hervor, kommen aber nicht so recht in Schwung. Ich lasse mich nicht beirren. Kalendarisch ist Frühling. Das wird schon werden. Der Weg mäandert durch struppiges Unterholz. Am Boden haben die abfließenden Schneemassen tiefe Furchen gezogen.

Die Vögel kümmert das alles nicht, sie singen, als gäb's kein Morgen. Sie balzen zu dieser Zeit, suchen sich ihre Liebsten wie die treuen Tauben. Ein andres Kaliber ist der Kuckuck, der seine Jungen fremdbebrüten lässt und die ursprünglichen Nachkommen aus dem Nest drängt. Alles ruft, alles antwortet. Ich bin schon fast versöhnt mit dem Frühlingsspaziergang, auch wenn er optisch noch ohne Höhepunkte ist. Der Weg biegt in ein Auengebiet ein. Man merkt es an den ersten Birken, die kahl, aber mit Samenwurzel immer so ein wenig wie recht dünne Tanzschülerinnen herumstehen, die noch nicht recht wissen, wie das mit dem Rumba jetzt funktionieren soll. Schlenkern mit den Armen, nein, Ästen und haben den Rücken leicht gebeugt, um von der eigentlichen Größe abzulenken. Birkeneleven mit leichten Samenpickeln. Ich würde gern die Rinde streicheln, aber zwischen mir und ihnen liegt eine Feuchtwiese, die mir sagt, dass sie mich über den Rand der Bergschuhe einsinken lassen wird. Also nur anschauen, nicht berühren.

Ich spüre, dass die Luft hier deutlich wärmer ist, dampfig, eine Wiese voller Hasenöhrchen trifft mich unvermittelt. So viel Blau, so viele und so weit das Auge reicht. Gleich daneben ein Feld mit Wechselblättrigem Milzkraut, das mit seinen phosphorgrünen Blüten eine Leuchtkraft entwickelt, die man getrost als magisch bezeichnen kann. Dann ein Nest Elfenblümchen, die ihren Namen völlig zu Recht haben, denn ihre vierständigen Blättchen an den zarten Köpfen wirken wie ein Haarreif, ihr Wippen wie ein Tanz von, ja Elfen eben, wie man sie sich so auf einer Lichtung vorstellen würde, einer Lichtung im Auenwald wie hier, wenn unvermittelt der Frühling eine kleine Showeinlage bietet und dem Graubraun ein Ende macht, dass einem schwindelig wird. Dann, ja, dann hat sich der erste Frühlingsspaziergang schon ausgezahlt, denn die Bilder der leuchtend weißen und gelben Blüten verankern sich zu einem Glücksgefühl im Kopf und bleiben abrufbar, spätestens im nächsten Frühjahr, wenn ich mir diesen Effekt wieder wünsche und trotz allen Graubrauns auf die Suche nach dem Farbenknall gehe.

Herz aus Holz

An den Spitzen der Buchen schimmern Silberbälle. Winzige Kügelchen, die sich gegen den blauen Himmel abheben. Naturschönheiten, bezaubernd in ihrer rötlich schimmernden Verpackung. So sind sie, meine Buchen, so zart und zaghaft, auch wenn diese Spitzen gute fünfunddreißig Meter über mir leuchten. Es sind alte Buchen von mächtigem Wuchs und sie machen mir Angst, wenn sie in voller Laubpracht stehen und mächtige Bewegungen zeigen bei Sturm und Nachtlüften. Nicht, dass nun der falsche Eindruck entsteht, es wäre ein Buchenwald, in dem man sich zwischen den Bäumen verirren kann wie in einem Spiegelkabinett, nein, es ist ein Buchenhain von zierlicher Tiefe, eher so ein Kinderwald zum Üben. Eine Art hoch geschossener Buchenzaun, ein schmaler, aber gigantisch hoher Sichtschutz ins Tal, in dem nichts vor

Blicken geschützt werden muss, außer ein Bauernhof.

Der Bäuerin gehört der Wald. Sie ist eine grantige Frau mit wenig spürbarem Herz, weder den Menschen noch den Bäumen gegenüber. Sie lässt den Wald verlottern, gönnt ihm ordentlich Morschheit, auch wenn hier gar kein Platz für Totholz von dreißig Meter Länge ist wie in einem erwachsenen Wald. Die Bäuerin und der Wald sind sich vermutlich ähnlich. Auch sie lässt sich verlottern, und ihre Worte kommen wie Totholz aus ihrem Mund. »Ziehen's halt weg, wenn Sie die Bäume stören« – das ist so ein Satz der Bäuerin, die durch meinen am Waldrand liegenden Garten marschiert, als wäre es ihrer. Die Bäume sind ihre, ein wenig aus der Bahn geworfenen Kinder, grobschlächtig, ungehobelt in ihrer Lust, alles im Umkreis mit Buchenblättern zu überschütten oder gar bei Gewitter mit armdicken Ästen zu werfen. Sie sind die Kinder einer Frau, die sich eine Schutztruppe herangezogen hat, um die erholungsuchenden

Städter, die in der Nachbarschaft leben, zu verschrecken.

Die Baumkinder mit ihren riesenhaften Ausmaßen haben nur einen Punkt der Verletzlichkeit, zeigen nur einmal im Jahr einen Anflug von Zartheit: wenn sich die gerollten Blättchen in bronzefarbener Flaumigkeit aus den Ästen schieben und ein Köpfchenmeer bilden wie Schleierkraut. Schleierkraut für Riesen oder gar Zyklopen, die nachts dann mit ihren Pranken durchs Geäst streichen und ein Silberklingeln erzeugen. Die Knospenbewegung könnte Homer geschildert haben. Gegenständig geschuppte Blätter, eine Blattfaltung, die an japanische Papierkunst erinnert. Kunstwerke, die im Mondlicht schimmern, genauso wie vor blau knallendem Himmel. Eine kurze Zeit zwischen März und April, wenn die Knospen der Buchen eine Schaumkrone in dreißig Meter Höhe bilden, dann ist der Buchenwald mein Freund. Bevor er sich in eine undurchdringliche Wand verwandelt, um das Herz der Bäuerin zu schützen.

Waldblühen

Phosphorleuchten in allen Winkeln. Der Staub ist so fein, dass er weit getragen wird vom Wind. Ich sehe meine Fußsohlen an, Barfußgeherin, die ich gerne bin. Phosphorgelber Staub, der wie ein Film über allem liegt und sich kaum beseitigen lässt. Die Fichten blühen. Ein Phänomen, das sich nur alle zwei oder vier Jahre beobachten lässt. Zu kräftezehrend ist diese Mast, das schafft kein Baum jedes Jahr. Aber wenn die klimatischen Verhältnisse es zulassen, dann explodieren die Bäume.

Die rot leuchtenden, aufrechten, weiblichen Blüten der Fichte stehen hochgereckt auf den Ästen. Kleine Leuchttürme der Empfängnisbereitschaft. Sind sie befruchtet, neigen sie sich nach unten. Die Pollen, die sich als Farbschleier überall andocken, sind mit ihrer Signalfarbe weithin sichtbar. Fährt der Wind hinein, sieht es aus, als würde der Wald brennen. Hoch aufwirbelnde Staubwolken über Waldgebieten.

Ich ahne, dass solche Phänomene früher die Fantasie der Menschen angeregt haben. Waldgeister, Elfen, Gnome, Trolle, sie alle werden ihren Ursprung in saisonalen Phänomenen gehabt haben und in dem Glauben, dass im Wald immer eine geheime Macht wohnt, die wir nie ergründen können. Man ist nicht frei von solchen Märchen und Mythen, vielleicht weil man sie sich angelesen hat, vielleicht weil in unserer rationalen Welt ein wenig Magie nicht schaden kann. Die gelben Schleier der Fichte könnten auch irrlichternde Elfen sein, die in ihrem liebestollen Tanz im Frühjahr nach geeigneten Partnern Ausschau halten. Wer weiß das schon so genau? Elfen bleiben suspekt, schon weil rationale Menschen ihre Existenz ausschließen. Aber die Vorstellung ist eigentlich doch schön. Ein Tanz von Kleinstwesen über dem Wald. Und wenn sie sich gefunden haben, schweben sie auf die Erde und sterben.

Walderinnern

Was passiert blind im Wald? Was werde ich erleben, wenn ich die Stämme nicht sehe, die Blaubeersträucher und die moosbedeckten Gründe nicht? Was passiert, wenn man sich mit verbundenen Augen auf eine Reise einlässt, die gar nicht weit wegführt, denn Wald haben wir immer und überall vor der Haustür. Gut, vielleicht nicht mitten in der Stadt, aber auch da sind es höchstens ein, zwei Stationen mit irgendeiner Bahn und wir sind im Wald. Natürlich wird niemand alleine mit verbundenen Augen durch den Wald gehen. Sollte er auch nicht. Aber man kann ein Spiel machen, ein Experiment zu zweit. Waldführen. Einer, der mit verbundenen Augen den Wald begeht, und einer, der an der Hand nimmt und nötigenfalls Hinweise gibt. Ast tiefhängend, unsicherer Grund. Sonst nichts, keine Erklärungen, welche Baumart, welcher Vogel, welche

Spuren sichtbar sind, welche Aussicht. Vor schützenswerten Pflanzen muss natürlich gewarnt werden.

Abgesehen von der Unsicherheit, die überhaupt besteht, wenn man mit verbundenen Augen durch die Welt geht, wird der Wald noch zusätzlich wirken. Die Unebenheiten des Bodens, die Gerüche, die Geräusche. Wer sich vor so viel Gleichzeitigkeit fürchtet, macht die leichte Variante: auf einer Lichtung die Augen schließen, in einem Moosgrund liegen mit geschlossenen Augen. Oder an einen Stamm lehnen. Man kann ja klein anfangen und stehen bleiben. Kopf in den Nacken und die Augen schließen. Der Wald bleibt als Bild hinter geschlossenen Lidern haften. Eine Tapete an der Innenseite, scharfe Konturen, schwarzweiß. Lichtflecken. Sonnenstrahlen, wenn sie denn durchkommen, befeuern das innere Bild. Der Wald beginnt nun zu arbeiten. Klettert mit allen Erinnerungen in uns hoch, hat nichts mit dem Wald um uns herum zu tun, sondern ist gespeist von Erlebnissen aus der Vergangenheit, vielleicht auch keinen realen, sondern »angelesenen« Wäldern, die uns geprägt haben. Welche Erinnerungen haben wir an den Wald als Kind? Haben wir ihn als etwas Abenteuerliches oder Gefährliches erlebt, hat er uns zu Helden gemacht, weil wir im Geiste Bambi gerettet haben, oder hat er uns erschreckt, weil Hänsel und Gretel ihre Wirkung bis heute entfalten können, wenn der Moment stimmt?

Oder haben wir gar Walderlebnisse, die mehr als nur ein Spaziergang sind, sondern eine Reise, die uns zu einem sehr offenen Augenblick erwischt hat?

Bei mir war es eine Reise zu den Plitvicer Seen. Damals, als alles noch Jugoslawien hieß und die Vorstufen des Eisernen Vorhangs ein paar Löcher hatten, die man unbedingt touristisch nutzen wollte und sollte. Zum Beispiel die Plitvicer Seen. Allein das Wort auszusprechen, ohne dem andren ins Gesicht zu spucken, war Teil der Reise. Die Anfahrt ein Abenteuer, denn man musste durch ganz Österreich und hinten wieder heraus. Raus in den Ostblock. Als Kind habe ich mir den Ostblock als Kubus ohne Fenster vorgestellt. Der Eiserne Vorhang hing davor, als eine Art Wandschutz. Kennt man ja, unaufgeräumte Ecken in Wohnungen oder schäbige Wände können mit einem Vorhang durchaus wohnbar gemacht werden. Der Ostblock wurde also mit dem Eisernen Vorhang bewohnbar gemacht. Auch wenn ich mir nicht vorstellen konnte, wie Menschen in diesem Kubus überhaupt leben konnten.

Ich hatte Angst vor der Reise, die meine Eltern als echtes Abenteuer verkauften.

Acht Jahre war ich alt und hatte bis dahin die Adria und den Seeoner See kennengelernt, beides alles andere als schlimme Orte. Orte, an denen man schwimmen lernte, Eis aß und sich im Sommer mit andren Kindern endlich so frei bewegen durfte wie sonst nur im Garten daheim. Nun also der Ostblock mit einem sehr gebrauchten BMW, den mein Vater sich gönnte, weil er immer schon mal ein Coupé fahren wollte. Also Autos mit wenig Holmen und viel

Scheibe zum Runterlassen. Der BMW war schwarzblau und eine Schönheit. Mein Vater ließ lässig seinen Arm aus dem holmlosen Seitenfenster baumeln, und meine Mutter trug ein Kopftuch um die Dauerwelle. Ich saß hinten. Coupés haben eigentlich kein »hinten«, da war es gut, dass ich noch klein war und außerdem dünn. Mein Teddy hatte Platz neben mir, aber auch nur der. Wir fuhren durch Österreich, das ich kannte, rund um Salzburg, wir fuhren durch Österreich, das ich nicht kannte, und kamen an den Wörthersee. Und ich fragte mich, warum wir hier nicht bleiben konnten, denn der Eiserne Vorhang klang ein wenig wie der Eiserne Heinrich und das wiederum nach Hänsel und Gretel und Grimm, und Urgroßmutter, Großmutter, Mutter und Kind, die bei Gewitter beisammen sind und in die der Blitz einfährt.

Wir fuhren durch irgendeinen langen Tunnel in den Eisernen Vorhang hinein. Das Coupé musste alle seine Fenster schließen, weil in den späten 1960er Jahren die Tunnels ausschließlich durch Abgase belüftet wurden. Als wir auf der anderen Seite herauskamen, waren wir im Wald, aber so hatte ich mir das nicht vorgestellt. Slowenien – eine Landschaft wie aus dem Märchen. Berge, Wälder, Kurven. Ein Coupé ist keine Reisekutsche für den, der hinten sitzt. Ich kotzte Slowenien voll. Die Wälder hörten auch nicht auf. Wer hinten sitzt und rausschauen muss, weil ihm schlecht wird, sieht dann über viele Stunden nur Grün. Ich dachte: Wieso heißt das Eiserner Vorhang, wenn die Leute eigentlich in einem riesigen Wald wohnen? Die Slowenen stellte ich mir ein wenig wie Rübezahl vor. Wer im Wald wohnt, hat keinen Spiegel und lässt den Bart wachsen. Die Haare hängen wie Flechten um den Kopf. Ich hatte meine eigene Welt hinten im Coupé mit meiner Reisekrankheit und meinem Bären, fest an die Brust gedrückt. Nicht, dass es hier noch Straßenräuber gab! Ich hatte eine blühende Fantasie und man kann auf der Rückbank sehr einsam sein. Die Wälder zogen vorüber in allen Grüntönen. Ich weiß, dass ich versucht habe, Grüns zu zählen, so wie man Autokennzeichen zählt, die mit 000 enden. Oder Menschen mit gestreiften Schals oder Hunde, die einen Fleck über dem Auge haben. Piratenhunde. Ich war vermutlich bei Grün Nummer 389, als ich einschlief und erst wieder in Ljubljana aufwachte. Fin-de-Siècle-Bauten bis in den Himmel, stolze schöne Menschen, keiner trug einen Bart. Die Stadt machte einen klugen, alten Eindruck. Aus Eisen waren einige Gitter und Dächer, Denkmäler und Verzierungen, aber alles in allem war die K.u.k-Zeit hier stehen geblieben, und wenn die Herrschaften alle Uniform getragen und sich gegenseitig Stefan Zweig vorgelesen hätten, hätte es mich nicht gewundert. Natürlich wusste ich mit acht nicht, wer Stefan Zweig war, aber später habe ich ihn mir dazu gedichtet.

Der Waldspuk hatte hier zunächst ein Ende und ich wäre sehr, sehr gerne in Ljubljana geblieben. Aber meine Eltern meinten, aus der Stadt kämen wir ja schon und im Urlaub müsse man was machen, was man sonst nicht hat. Als Kind denkt man grundsätzlich, warum muss überhaupt immer was anders gemacht werden, denn Kinder sind Spießer.

Wir fuhren also durch Ljubljana, mein Vater ließ lässig den Arm aus dem Fenster hängen bis zu der Ampel, als mehrere Herren an ihn herantraten und in kehligem Deutsch über das Auto und dessen Wert diskutieren wollten. Ab da blieben die Fenster oben. Was für den, der hinten sitzt, auch kein Segen ist. Ich sah die Straßen mit kleinen Geschäften und die Platanen und die ein wenig abblätternden Fassaden und wollte kein bisschen mehr in den Wald. Aber wir ließen die schöne Stadt hinter uns und mäanderten durch ein Gebirge, das mir nichts sagte, und durch Wälder, die ein wenig anders grün waren, und durch Schluchten und durch erneute Tunnels. Bald hatte ich den Eindruck, dass der Eiserne Vorhang ein steinerner Vorhang war und der Ostblock aus Holz.

Als der Wald am grünsten war – vielleicht, weil die Sonne unterging und ich mich in Trance geträumt hatte, um nicht auch noch in Kroatien zu kotzen –, bogen wir ab. Plitvicer Seen. Vielleicht war es nicht so direkt und mit drei Übernachtungen dazwischen, aber das Gedächtnis klittert ja munter zusammen, wenn einen was traumatisiert hat. Mich haben die Ostblock-Jugoslawien-Wälder traumatisiert. Auch dass meine Mutter versehentlich gesagt hatte, hier gäbe es noch Wölfe. Und weil man nach vierzehn Stunden Grünzählerei den Wald vor lauter Bäumen nicht mehr sieht. Ich hatte meinem Bären die Ohren nass gesuckelt und ihm zehn Löcher in den Pelz gekrallt. Es wurde Abend und wir fuhren noch mehr Kurven bergauf.

Diese Plitvicer Seen seien ein Naturschauspiel, wie meine Mutter meinte. Ich konnte mir darunter genauso wenig vorstellen wie unter dem Eisernen Vorhang und unter Ostblock. Ich stellte mir jene Bartmenschen vor, die ich schon in Ljubljana vermutet hatte. Sie würden ein Theaterstück aufführen mitten im Wald? Wer bitte schön sollte das sehen wollen? Denn auf der Straße fuhr niemand. Meine

Eltern frohlockten. Endlich ein Land, das vom Tourismus nicht verheert war, nicht so bevölkert wie die Adria und keine Idylle wie in Seeon, wo ja die Welt stehen geblieben war. Ich mochte die Menschen an der Adria, denn es war immer jemand da, mit dem man spielen konnte. Und ich mochte die heile Welt am See, weil es außer ein paar Ringelnattern nichts wirklich Gruseliges gab. Hier gab es Bären und ein Schauspiel, das ich nicht sehen konnte, und keine Menschen. Die Nacht senkte sich über den Wald und über das dunkelblaue Coupé. Ich war dankbar, dass mein Vater die Fenster zuließ, und wäre lieber erstickt, als dass uns ein Wolf nach dem Preis des Autos fragen konnte.

Nach einigen Kurven war alles schwarz. Neumond, Wald, Wölfe und auch die Seen. Mein Bär war ganz nass. Mir liefen still die Tränen herunter, denn ich hatte in meinem ganzen Leben nichts Grusligeres erlebt als diesen Ostblock, in dessen Mitte sich die Natur austobte. Man muss mich wohl schlafend in das Hotel getragen haben. Ich habe keine Erinnerung mehr, wann wir angekommen waren im Irgendwo. Das ist ein Teil, der in meinem Trauma fehlt.

Als wir aufwachten, hörten wir Rauschen. Und als mein Vater die Lammellenfensterläden nach außen aufschlug, kletterten 879 Töne Grün ins Zimmer und dazwischen Funkelblau. Mein Bär und ich, wir schleppten uns zum Fenster. Meine Eltern riefen abwechselnd, dass das wohl nicht wahr sein konnte. Und ich dachte an die Nacht. Vielleicht war sie auch nicht wahr gewesen. Denn an diesem freundlichen Morgen machten uns sehr bartlose und freundliche Menschen Frühstück. Es waren sonst nur Gäste aus dem Ostblock da, und die redeten eine Ostblocksprache mit viel Grundellauten, solchen, wie sie mein Bär hervorgebracht hatte, wenn man ihm auf dem Bauch drückte, bevor er mit andren Spielsachen einer Wäsche unterzogen wurde.

Die Plitvicer Seen mussten dann »erlaufen« werden, wie meine Mutter meinte. Ich hatte meine Eltern immer als übervorsichtig in Erinnerung und verstand nicht, warum sie sich dem Wolf in den Rachen werfen wollten. Allerdings hatten wir einen Waldguide, früher hieß so etwas Wildhüter mit touristischen Nebenaufgaben. Der grundelte nur ein wenig und sprach Grundeldeutsch, was bezaubernd klang. Ich hatte ihn in mein Herz geschlossen, er war meine Rettung. Er war Förster in dem Revier und trug eine weiche braune Hose, einen etwas verfilzten Janker und einen Hut, der genauso gut ein Sitzkissen oder ein Rucksäckchen hätte sein können. In seinem Gesicht stand ein Bart vom Hals bis zu den Augenbrauen. Er kam meinem Bild vom Mensch im Ostblock sehr nahe und gleichzeitig roch er nach Harz und ein wenig nach Wollfett und ganz besonders nach einer Salami, die er alle paar Meter in Stückchen schnitt und herumreichte. Bei mir machte er immer eine Verbeugung und grüßte meinen Bären. Ich hatte keine Ahnung, wie man sich verliebt, war aber später sicher, dass es sich um genau diesen Zustand gehandelt haben musste.

Der Bärenmann von den Plitvicer Seen zeigte uns Spuren, Bäche, Farne, Laubbäume mit lustigen Namen, weil er die deutschen Begriffe nicht kannte. Er zog aus einem ungeheuer großen Rucksack mittags zwei Weinflaschen und eine Flasche mit trübem Saft. Dazu irgendeinen Salat mit Käse und Zwiebeln, und mein Vater und meine Mutter waren binnen einer halben Stunde so weit, dem Bärenmann das Du anzubieten. Ich schwieg. Aber eigentlich nur, weil ich ihn so mochte. Ich wollte nicht zu viele Worte mit ihm wechseln, denn mir gefiel am besten, wie er sich verbeugte. Mit jeder Verbeugung wuchs mir der Wald mehr ans Herz. Das Zählen von Grüntönen wurde später eine meiner Leidenschaften.

Als wir nach Stunden, die wie im Flug vergingen, wieder an unserer Pension ankamen, hatten wir nicht nur grandiose Gewässer, die auf geheimnisvolle Weise eigenständig und doch miteinander verbunden waren, gesehen, sondern eine Zeitreise gemacht. Nicht, dass ich damals gewusst hätte, was eine Zeitreise ist, aber ich hatte die beschwerliche Anfahrt zu den Plitvicer Seen einfach vergessen. Bis heute haben Walderinnerungen mit den Plitvicer Seen und mit dem Bärenmann zu tun. Zuverlässig kommen sie, wenn ich die Augen schließe, egal wo im Wald. Manchmal reicht auch nur der Geruch einer bestimmten Salami. Oder eine Flasche Rotwein im Rucksack gegen das Fürchten im Wald.

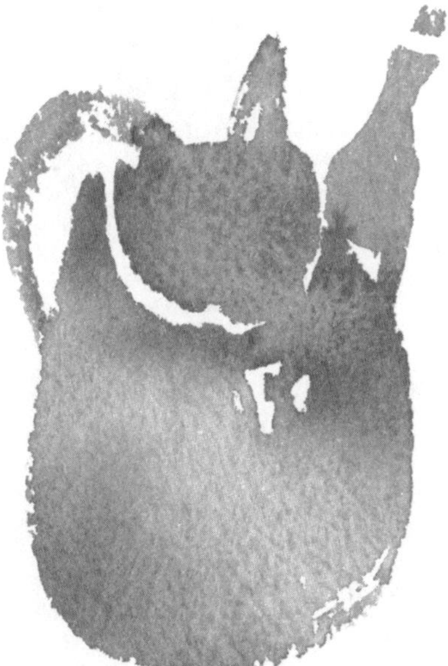

Bergwald

Sie haben hier die Hölzer hinuntergeschickt. Einen steilen Bergweg hinab zu den Flüssen, mit denen dann das Holz dorthin getriftet wurde, wo es verheizt wurde, um Salz zu gewinnen. Schautafeln am Wegesrand zeigen mir, wie früher, ach was heißt früher, noch vor fünfzig Jahren, die Hölzer gerückt wurden, mit Schlitten, teils auf Schienen. Aber hauptsächlich mit Menschenkraft, denn irgendjemand musste die schwerbeladenen Schlitten steuern und auf den Wegen halten. Heute gehen wir diese Wege als Nachmittagsspaziergang auf eine der lauschigen Hütten, durch den Bergwald, der rechts und links steil aufragt und bisweilen nur ein hellblaues Loch Himmel freigibt. Wie fühlt sich das an, Freizeit zu haben an Orten, an denen es so hart und blutig zuging? Die Marterl am Wegesrand berichten von entsetzlichen Unfällen. Nur wenige Kilometer weiter zeigt das Holzknechtmuseum, unter welch grauenvollen Bedingungen die Menschen nicht nur die schwere Arbeit getan, sondern überhaupt gelebt haben. Wenn sie von dem Kampf gegen Wetter, Gestein und Holz heimkamen, warteten eine zugige Hütte, ein Leben voller Entbehrungen und viele Kinder, die zu ernähren waren. Man geht einen Weg nicht mehr unbelastet, wenn einem die Geschichte aus jeder Felsspalte entgegenblickt, entweder in Form von Votivtafeln, von Belehrungsschaubildern oder ganz aktuellen Warntafeln des zuständigen Bürgermeisters, der vor den Gefahren der Berge warnt. Es ist lebensgefährlich im Berg! Ja, so steht es da, nichts geschönt.

Eine ganzjährige Schneemure hängt über dem wilden Fluss, der jetzt im Frühsommer schon das Schlimmste hinter sich hat. Baumstämme wie Mikadostäbe, die von Bergwand zu Bergwand reichen, erzählen von einem wilden Frühjahr. Dieser Fluss kann auch ganz anders, denkt man sich und geht ein bisschen ehrfürchtiger weiter.

Bis zu der Stelle, an der durch ein Marterl an den Tod einer alten Frau erinnert wird: »Maria: Um zehn Uhr ging sie fort und zwei Uhr kam sie an« – so steht es geschrieben, auf der Holztafel, beschirmt durch ein kleines Dach. Vogelhausartig, ein Vogelhäuschen für den Tod, der viele Jahre zurückliegt, aber ganz offensichtlich lebendig gehalten wird, denn vor das Gedenktäfelchen sind frische Blumen gesetzt und Kerzen, die wahrscheinlich erst kürzlich brannten. Gefahrlos in dieser feuchten Schlucht, hier brennt nichts.

Der Tod hängt allerdings wie eine unsichtbare Wolke über dem Wanderweg. So viel Leid, das den Weg herunterkam. Der Holzknecht, der hier erst sein Bein und dann sein Leben verlor. Der Schlittenführer, der von seiner eigenen Fracht erdrückt wurde. Der Naturfreund, den der Schlag getroffen hat. Die Maria, die dem Himmel ein wenig entgegenlief, bevor dieser sie zu sich genommen hat. Vielleicht geht man diesen Weg ganz und gar anders als andere Wanderwege. Denn zum Wandern war er nie gemacht. Es war ein Arbeitsweg, der aus den hohen Lagen die Talfahrt der widerstandsfähigsten Hölzer ermöglichte. Stolz stehen die Bergwaldtannen, Ahorne, Buchen, stemmen sich gegen den Berg. Und wenn es mit der Spannung zu mächtig wird, dann werden einfach Felsen herausgesprengt, die dann wie von Riesenhand hingestreut auf dem Weg liegen. Wie frisch der letzte Steinschlag ist, sehe ich an dem Hell der Steine, keinerlei Erdkrümel, Blütenstaubspuren oder gar Moosbesatz. Alle drei sind die Maler des Waldes. Verfärben, was sich der Verwitterung hingibt. Moos ist fleißig. Moos kann viel aushalten, braucht wenig, denn es ernährt sich durch die Luft. Nimmt auf, was da so kommt, und klebt ansonsten fest, wo man es lässt. Es nimmt in Besitz, ohne zu zerstören, es verfeinert die Natur und macht aus jedem Stein ein bepolstertes grünes Wesen, das je nach Fließrichtung des Wassers eine Frisur hat. Doch diese Steine hier sind frisch gefallen. Brocken, kindskopfgroß. Ohne weiche Kanten. Wäre man unter dem fallenden

Stein gestanden, wäre der eigene Kopf jetzt nicht mehr der alte.

Wenige Meter weiter ein Schild, grellgelb und so gar nicht homogen in die Natur eingepasst. »Achtung Steinschlag, benutzen Sie diesen Weg nicht bei Sturm oder Unwetter. Der Bergwald ist gefährlich. Ihr Bürgermeister von …« Der Tod wohnt in dieser Schlucht mit den jetzt so lieblichen Orchideenarten, mit den Farnwedeln und dem großblättrigen Pestwurz. Wie umgedrehte Schirme stehen seine Blätter in der Nähe der Gewässer. Früher traute man der Pflanze sogar Heilkraft gegen die Pest zu, dann vergaß man ihre Wirkung, bis man herausfand, dass sie heilend bei Migräne wirkt und als Antiallergikum taugt. Wäre man ein wenig esoterischer veranlagt, würde man sich über all dem Pestwurz in dem Tal einen Kopf machen. So viel Leid, so viel Heilpflanze. Aber der Tod gehört zu den Bergen wie die Sehnsucht nach ihnen. Still schweigt nur der Wald darüber und überzieht das Schroffe mit all seinem Grün, so weit hoch, bis auch für ihn die

Grenze erreicht ist. Aber das ist bei diesem Weg nicht der Fall. Er wurde einzig und allein dafür gemacht, Bäume vom Berg zu bringen, koste es, was es wolle.

Heute gehen wir auf dem Pfad der Geschichte. Wenige der Bäume hier haben das Leid vor 150 Jahren schon mit angesehen, ihre Brüder haben das Ernten nicht überlebt.

Mir rinnt der Schweiß den Rücken hinunter, vom steten Anstieg in dem dampfigen Weg, eingeschlossen zwischen Fels, Bergwald und Gumpen und Wasserfällen. Salz, das mir vom Rücken tropft, auf einem Weg, der einzig allein des Salzes wegen gemacht war. Seltsame Kreisläufe, die uns immer wieder einholen.

Auf der Jagd

Es sind Amsel, Kleiber, Rotkehlchen und Finken, die das Orchester des Abends bilden. Feste, mit Filz ausgeschlagene Gummistiefel und ein gewachster Parka sind meine Abendgarderobe, als ich mit bewaffneter Begleitung in den Wald gehe. Es ist nach 20 Uhr, den ganzen Tag hat es geregnet, die Luft ist schwer. Sämtliches Grün kämpft mit der Last des Wassers, die Zweige hängen tief und verlieren je nach Tropfenstärke ununterbrochen Gewicht, das uns ins Gesicht schlägt und mir in den Nacken, weil ich keinen Hut aufhabe. Jetzt verstehe ich endlich die Sache mit dem Hut bei der Jagd. Denn wir gehen jagen. Tiere töten, wenn uns eins vor die Flinte läuft. Nein, so sagt man es nicht und ich jage auch nicht, ich darf es gar nicht. Aber ich darf mitkommen, zusehen, wie so etwas ist, und ich ahne, dass es eine Grenzerfahrung sein wird. Denn bisher habe ich nur theoretisch darüber nachgedacht. Ich könnte auch aufhören, Fleisch zu essen, das wäre wahrscheinlich die einfachere und billigere Lösung. Aber ich will wissen, was es mit mir macht. Das zu töten, was man auch gerne isst, das aber ein gutes Leben geführt hat, eines im Wald mit Vogelgezwitscher und schwer hängenden Ästen und einer Luft, die so sehr anders wird, je tiefer man in das Grün vordringt. Also doch Grenzerfahrung. In mehrerlei Hinsicht, die städtische Feinstaublunge wird's mir danken.

Der Förster, den ich begleite, macht es mir leicht. Er weiß, wie man mit Waldlaien umgeht. Er ahnt, dass ich sensibel drauf bin, und macht sozusagen ein Vorspiel der feinsten Art. Er lässt mich mit beiden Händen Moos fühlen, zeigt mir, dass man in diese flauschigen Wunderpflanzen viele Zentimeter tief einsinken kann, wenn man sich darauf einlässt, sich mit dem ganzen Eigengewicht auf dieses wattierte Urzeitgewächs zu stützen. Macht es vor, lässt seine Hände über die zauberhaft vielgestaltigen Pflanzensonderlinge wandern, die als Nachfahren der Algen an Land ein ganz besonderes Dasein führen, eines, das so wenig erforscht ist wie das vieler lebender Fossilien, die uraltes Wissen oder sogar Heilkraft bergen.

Er zeigt mir kleine Teiche, die, künstlich oder natürlich angelegt, Spiegelstellen im Wald bilden. Führt mich in Lehmgruben, in denen man, wollte man es, Sediment finden könnte mit Versteinerungen. Ich werde aufmerksamer, je weiter wir in den Wald eindringen, der ja alles andere als wild ist. Er ist geformt, bestückt, bepflanzt, wird geerntet. Rückegassen hier und dort und Sichtschneisen, damit man besser sehen kann. Beim Jagen, beim Ernten und beim Waldinspizieren. Der Wald als Mythos? Vielleicht nur in unserer Fantasie, die allzu stark von der Romantik des neunzehnten Jahrhunderts geprägt ist. Und von Publikationen, die uns erzählen, was jeder Baum spricht. In Wahrheit ist der Wald ein Biotop, das von Menschenhand ganz schön gelenkt und gestutzt wird.

Aber das zu überdenken, bin ich jetzt nicht im Wald, ich will erleben, was es mit mir macht, von einem Förster geführt, den Wald zu fühlen. Schon der Gesang der Vögel ist so märchenhaft, dass man als an Täuschungen gewöhnter Städter an Beschallung denkt. Ich kann keinen einzigen Vogel benennen, weiß nicht, wie die seltenen und geschützten Orchideen am Rand einer Lichtung heißen, weiß nicht die Namen der verschiedenen Kleearten und warum an einer Stelle so viel Bodenvegetation wächst und an der anderen wenig. Ich werde immer dümmer, je weiter wir in den Wald kommen.

Mein Förster zeigt nach oben. Dunkle Löcher in hohen Baumstämmen. Er streift mit einem Stock an den Stämmen entlang, bringt einen schnarrenden Mollton hervor, der Tauben aus den kleinen Höhlen flattern lässt, die es sich in den Behausungen der Schwarzspechte gemütlich gemacht hatten. Mir wird schwindelig durch die ganze Hochseherei im Wechsel mit dem auf den Bodengucken. Meine Schuhe versinken in matschigen Mulden, in denen ganz deutlich Wildschweinspuren zu sehen sind.

Das Licht nimmt ab, als wir in einen Seitenweg einbiegen, der sich langsam in grünem Buschwerk verliert. Brombeerzweige ratschen an meiner Hose, deren Material sich als unzureichend erweist. Die Dornen ziehen Spuren in meinem Bein, trotz Stoff drüber. Der Förster, der ganz gerade und sicher vor mir durch die Botanik zieht, scheint keine Unebenheiten zu spüren. Ich schwanke, muss die Unebenheiten des Bodens ausgleichen, kämpfe mit den Ästen, rudere mit den Armen und bekomme von all den Sinneseindrücken eine Ahnung davon, was es mit der Kraftquelle Grün auf sich haben könnte. Es ist etwas völlig anderes, als auf gesicherten Wegen durch einen Park zu gehen. Das Ausgleichen der Bodenstrukturen, Duft und Klangdusche, die permanent über einen ergehen, fordern Aufmerksamkeit.

Plötzlich meine ich, Schatten zu erkennen, blitzende Augen. Wir sind nicht allein. Der Förster dreht sich geräuschlos um und hebt den Zeigefinger an den Mund. Ich komme mir vor wie ein Trampel, der bei jedem Schritt den Wald in eine Tonhalle verwandelt und beim Atmen einen Chor erzeugt. Mein Begleiter formt seine Hand zur Muschel am Ohr. Ich bleibe stehen, so kann ich am wenigsten etwas falsch machen. Lausche, die Vögel übertönen alles. Was meint er? Dann höre ich es auch. Frösche, nicht, dass ich das gewusst hätte. Mein Förster formt das Wort mit dem Mund und bläst dazu die Backen auf. Ich will lieber reflexartig auf meinen Arm schlagen, auf dem eine Mücke genüsslich saugt. Nein, alles nein. Ich muss still sein, der Wald ist laut. Waldstille, was war das noch mal?

Wir haben uns weiter fortbewegt, mein kundiger Führer lautlos, ich hinterherknackend, bis wir eine Kanzel erreichen, die den Blick auf ein buschiges Dreieck bietet. Das Wild könnte von drei Seiten hereinspazieren in den Ballsaal des Jagens.

Ganz leise werden Rucksack und Gewehr sicher verstaut, nachdem wir uns auf die Bank und eine grüne Decke gesetzt haben. Der Querbalken zum Stützen des Gewehrs vermittelt eine Art geschlossenen Raum. Ich darf durch ein Fernglas sehen und mache zunächst nur Camouflage, undeutliche Flecken in tausend Grüntönen aus, so ein Mischmasch wie das, was an mein Ohr dringt. Blätterrauschen, zu viele Amseln. Dann ein *fuit fuit fuit* und ein Vogel mit unruhigem Flatterflug quer über unserem Beobachtungsdelta. Wildenten vom nahen Teichgrund.

Ich bin ständig abgelenkt, kann mich auf nichts konzentrieren. Lauschen und sehen und das Holz der Kanzel unter den Füßen. Nicht scharren, das macht Geräusche! Wir sitzen still, bis die Amseln fertig gezwitschert haben und der zunehmende Mond über der Lichtung erscheint. Aus der grünen Camouflage ist eine blauschwarze geworden. Das Fernglas übermittelt dramatische Flecken, in denen gelegentlich etwas blitzt. Ich traue mich nicht zu fragen, ob das Augen der Wildtiere sind oder nur meine Iris verrückt spielt, weil sie sich so anstrengt und sich an nichts festhalten kann. Wie still kann man neben jemandem sitzen, den man nicht kennt, der einen aber sehr gut zu kennen scheint. Denn der Förster führt immer wieder die Hand in Richtungen, flüstert tatsächlich kaum wahrnehmbar, setzt mir den Gehörschutz auf, der einen Schallverstärker hat. Jetzt wird's wild in meinem Kopf. Jedes Rauschen, jedes Knacken, jeder Vogellaut wie mit dem Regler hochgedreht. Bei plötzlichem Geräusch macht das Mikro zu. Totenstille. Technik und Natur ganz schön eng verzahnt. Das Gesicht des Försters bekommt so einen milden Zug und formt den Satz: *Kleines Greenhorn, wie bist du nur bisher durchs Leben gekommen?* Das frage ich mich auch. Wo ist dieses alte Wissen, dass jahrtausendelang die Menschen durch die unwirtliche Natur gebracht und uns zu jenen Zivilisationsgrößen gemacht hat? Haben wir nicht irgendwo gespeichertes Zellwissen, so eine Art Urnatur-Atavismus, der abgerufen werden kann, wenn wir wieder auf uns und die Natur zurückgeworfen sind?

Ich setze den Gehörschutz ab, will kein Medium zwischen mir und dem Wald, mein Ehrgeiz ist jetzt geweckt, ich will dieses komplexe Ding aus Grün und Leben begreifen. Dampf steigt aus dem Boden in die erkaltende Luft. Die Farben und die Geräusche nehmen ab. Nichts ist mehr wie wenige Minuten zuvor, wenn sich der Wald schlafen legt. Ob hinter uns Wildschweine stehen, ich weiß es nicht. Ducken sich Rehe in den Rand an der Lichtung? Wild ist heimlich, und nur weil wir heimlich auf einer Kanzel sitzen, heißt das nicht, dass das Wild blöd darauf hereinfällt.

Vorhin hatten wir den Wind am Wehen der Gräser geprüft. Riecht uns das Wild heute? Ich habe keine Ahnung, wie lange wir sitzen, in jedem Fall macht der Mond über der Lichtung das, was alle Romantiker besungen haben: Er taucht die Landschaft in milchiges Licht, das gemischt mit dem Blaugrau des ehemaligen Grün eine

Grisaille bildet. Man bräuchte nur einen blaustichigen Bleistift und könnte die Szene malen. Jean Paul würde Fantastik dazu mischen, ach ja, Jean Paul hat in dieser Gegend gelebt.

Mein Förster macht Anstalten abzubaumen. Öffnet den Haltebalken, lässt mich absteigen, schultert Gewehr und Rucksack. Jede Bewegung sicher und ohne einen Laut. Sein braunes Gewand verschwindet im Grau der Nacht. Ich ahne, dass ich jetzt noch unbeholfener den Rückweg finde. Wortlos reicht er mir eine Taschenlampe, die irre Kegel wirft und nicht zur Stimmung passt. Technik und Natur. Ich mache die Lampe aus und versuche Schritt zu halten. Knacke, fluche, stolpere. Mein Förster lächelt, ich sehe es genau, auch wenn ich in seinem Rücken bin. Als sich der Weg weitet, sagt er: »So ist es halt, nicht immer ist Diana auf deiner Seite.« Von einer Diana bin ich noch weit entfernt, es ist, als müsste ich das Laufen neu lernen in diesem grünen Dom. Mein Zeremonienmeister schweigt und sieht mich fragend an.

»Das war ziemlich gut«, sage ich und meine damit, dass ich heilfroh bin, weil er an meiner Seite ist. Die Nacht, der Wald, die Grisaille, wer nichts weiß, spekuliert. Wüsste ich mehr, ich würde mich nicht fürchten, vielleicht. Er deutet auf einen Baumstamm, an dem festgeklebt ein kleiner Kasten hängt. »Diese Wildkamera hat letzte Woche einen Wolf aufgenommen«, flüstert er mir zu und ich könnte schwören, dass er mit einem Auge geblinzelt hat. Aber was sehe ich schon, ich Waldblinde, die schon vor einer Fledermaus erschrickt, welche – kaum habe ich mich von der Wolfgeschichte erholt – lufthauchschnell über meinen Kopf fliegt.

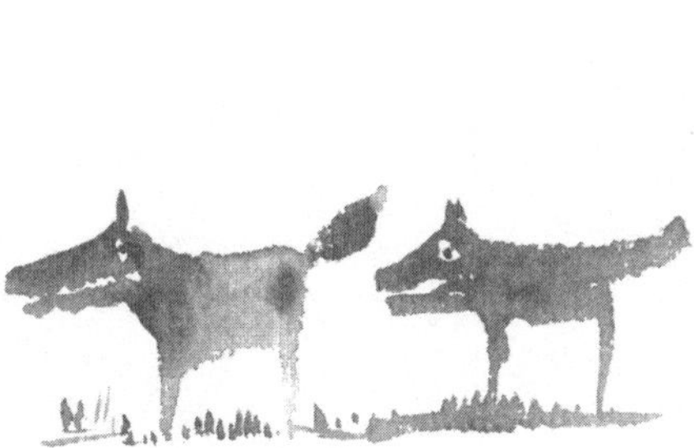

Topografie der Erdgeister

Wer mit Wald arbeitet, hat besondere Karten. Forstbetriebskarten, auf denen Flächen mit Wildäckern, Felder, Wälder, Seen eingetragen sind. Kleinstparzelliertes Land, das sich einem Fleckenteppich gleich zu dem zusammenfügt, was wir Landschaft nennen. Wer die Karten lesen kann, weiß, wo es wie blüht und wächst. Es sind Biotop-Atlanten, voller geheimer Informationen, wem was gehört und wer wo etwas zu suchen hat. Wer also nach verwunschenen Plätzen sucht, der sollte nicht im Wald herumirren, sondern gezielt suchen. Denn auch das Märchenhafte folgt einem Plan. Ich suche einen Fleck, der dem nahekommt, was man einen märchenhaften Ort nennt. Und vielleicht eine Ahnung davon gibt, warum Feen, Elfen, Trolle in Wäldern verortet werden. Natürlich wird auf keiner der genannten Kartierungen eine Schraffur zu sehen sein, die *Trollwald* oder *Feengrund* bedeuten. Also müssen die Indikatoren andere sein. Eine Lichtung, eine Wasserstelle? Ich verlasse mich drauf, und mache mich mit dem Zeigefinger auf der Karte auf den Weg. Sicher suche ich keinen allgemein bekannten Badesee, der mit seiner blauen Grundfläche die ganze Karte dominiert, sondern ein kleines, kaum merkbares Teilchen im rosa-grünen Puzzle der Flächenkarte. Umrahmt von Waldstücken auf hügeligem Land, nur erreichbar durch Fußwege, und keine dieser Forststraßen, die solche Karten an anderen Stellen durchpflügen und dem Wald ein etwas technisches Gepräge geben.

Ich mache mich dann real auf den Weg. Ein struppiger Wald ist das nach einem heißen Sommer. Überall die Spuren jüngster Waldarbeit, verdorrte Buchenzweige, raschelnd dürres Fichtengestrüpp, scheinbar ungeordnetes Holz, das sich rechts und links des Schotterwegs türmt. Hier hat man noch nicht für Abtransport gesorgt, aber durch das trockene Wetter sieht alles schrecklich verwahrlost aus. Als hätte ein Riese in unbändiger Wut Baum um Baum ausgerissen, sich des Kleinholzes entledigt, tiefe Fußstapfen im Dickicht des Bäumemeers hinterlassen. So wirken sie, die Rückegassen, auf jeden Außenstehenden, in dessen Romantikkanon nichts von Baumernten und Fortbewirtschaften vorkommt. Keine Festmeter, die ganz schön Ertrag bringen, keine Nutzholzverrückung, keine leuchtenden Geheimschriften aus Sprühdosen, die den Eingeweihten sagen, wann wer welches Holz bekommt und wann es wie und von wem geschlagen wurde.

In dieser Zerzaustheit finde ich meinen Wald vor, in dem ich die Feen, Elfen und Trolle vermute. Weil er landschaftlich so reizvoll liegt. Zwischen Hügeln und verschiedenen Erdschichten, zwischen Flüssen und kleinteiliger Landwirtschaft. Inmitten eines Landschaftsgürtels, aus dem einst romantische Dichter wie Friedrich Rückert und Jean Paul kamen. Irgendwoher müssen sie ihre Naturliebe ja gehabt haben. Nur der reine Zeitgeist kann es nicht gewesen sein.

Doch noch merkt man vom Märchengrund nichts. Der Weg steigt an, die Luft steht zwischen den Bäumen. Ein ungewöhnliches Gefühl, wenn es im Wald nicht kühler wird. Als ob die Riesen einen gigantischen Föhn angeschaltet hätten, um den Wald zu trocknen. Märchenwesen, die sich ein Spiel erlauben. Ist das mein Märchenwald? Der Boden ist so trocken, dass selbst die moosigen Gründe nicht federn. Es sind bretharte Wege, die sich durch den raschelnden Wald schlängeln. Als es steiler ansteigt, wird es immer wärmer. Wenn Bäume keine Feuchtigkeit mehr abgeben, kommt das Waldgefühl durcheinander.

Der Weg zweigt ab. Vom großen Schotterweg gehen verschiedene Steige ins tiefere Grün. Wie dünne Adern rinnen Pfade in den dichteren Wald. Ich weiß von meiner Forstbetriebskarte, dass einer der dünnen Pfade zu einem kleinen Gewässer führen soll. Aber welcher? Im Wald unterwegs sein heißt auch immer irren. Ein Versuch endet in einem vertrockneten Blaubeerfeld. Die Blaubeeren sind schon am Strauch zu Dörrobst geworden, unglaublich intensiv im Geschmack, fast schwarz, sitzen sie einzeln zwischen den kargen Ästen.

Ich nehme den anderen Weg. Nach einem kurzen Gang durch welliges Gelände verändert sich die Landschaft. Felsen ragen auf. Poröser Sandstein, der haushoch die Landschaft bestimmt. Wind und Regen haben Gesichter in die Felsen geformt. Riesenaugen, Mäuler mit gigantischen Zähnen. Dann wieder glotzen scheinbar Tierfratzen aus dem Stein. Riesennasen, Schlünde. Das abnehmende Licht des späten Nachmittags setzt die Schatten so, dass der Stein lebendig wird. Mein Weg wird jetzt von tausend Augen begleitet. Ich drücke mich an den runden Felsen vorbei, überwinde Spalten und registriere, dass das Mystische schneller aus dem Wald kommt, als einem lieb ist. Diese Felsmonster hatte ich nicht auf dem Schirm, hatte ich doch von romantischen Begegnungen geträumt, nicht von Dämonen aus Sandstein. Die Kiefern ragen hoch auf, die Fichten tragen dicke Zapfen, Buchen und Eichen haben ein stattliches Alter und bilden die Elite des Waldes. Gegen eine zweihundert Jahre alte Eiche sind selbst antennenhohe Kiefern magere Konkurrenz.

Ich scheine mich schon wieder verlaufen zu haben, von einer Wasserstelle, geschweige denn einem ganzen See, ist weit und breit nichts zu sehen. Der Weg fällt jäh ab. Zwischen den letzten bemoosten Findlingen und einer Senke liegen wenige Meter.

Um die nächste Kurve noch, nachsehen, was da kommt. Vielleicht waren die Felsriesen doch der richtige Hinweis? Arbeiten im Wald nicht alle Mächte miteinander? Auch die mystischen?

Nach einem Sprung über eine Spalte, die nur notdürftig mit Zweigen überbrückt wurde, stehe ich an einem kleinen Abgrund. Hier muss man sich herunterrutschen lassen. Denn wenn mich nicht alles täuscht, funkelt zwischen den Farnblättern, die scheinbar ungerührt die Hitze überstehen, ein dunkles Grün. Plötzlich ist die Vegetation eine andere. Alles wirkt tropisch. Die Grüntöne verändern sich, verlieren alles Erdige. Glänzende Blattoberflächen geben den Blick auf einen schlanken, langgezogenen Weiher frei. Dessen Rand schimmert lehmig, die Mitte dunkelbraun, dazwischen Smaragdgrün und ölige Schlieren. Hier soll es märchenhaft sein? Ich setze mich auf einen Baumstamm am Uferrand, der Aufstieg und dann wieder der Abstieg haben mich ins Schwitzen gebracht. Ob man in dem Gewässer baden kann? Stellt es schon ein Abenteuer dar, in einem mitteleuropäischen See mitten im Wald zu schwimmen? Gut, es könnte ein Schlangentümpel sein. Dazu müsste er warm und moorig sein. Ich halte den Fuß in eiskaltes Wasser, inmitten einer Landschaft, in der die Luft seit Wochen steht. Das lehmige Loch muss von unterirdischen Quellen gespeist werden. Der Lehm verhindert das Abfließen, deshalb ist der Wasserstand unverändert. Meine Fußtritte in dem Ufergürtel hinterlassen mehlig aufgewühltes Lehmwasser, auf dessen Oberfläche Wasserläufer und andres sechsbeiniges Getier herumspringen, als würde es sich um sicheren Grund handeln. Ich wage mich vor in die unbekannte Brühe, zu groß ist die Lust auf eiskaltes Nass an einem Hitzetag, der einem den Schweiß den Rücken heruntertreibt. Der das Holz in den Stämmen der Bäume knacken lässt, als würden sie unter der Glut ächzen. Der die Luft so trocken macht, dass das Keckern eines Spechts blechern wirkt.

Meine Füße versinken in einem Grund aus Blättern und Lehm. Quirgelnde Masse, deren Einzelheiten ich mir nicht vorstellen mag. So weit die romantische Vorstellung, die immer und immer wieder gut über Imagination funktioniert, wie schon der Aufklärer Joseph Addison in seinem 1712 erschienenen Beitrag *The pleasure of imagination* schrieb und damit fast fast Jahre später einer ganzen Generation von Denkern eine Steilvorlage gab. Romantik ist das, was der Dichter aus der Natur macht, nicht das, was sie ist, eine naturwissenschaftliche Tatsache.

Mittlerweile bin ich hüfthoch in braunem Unbekannt. Verschiedene Temperaturströmungen geben mir einen Eindruck der thermischen Schichten des Wassers.

Kalt, warm, kalt. Immer wieder eiskalte Schübe, dort, wo wahrscheinlich Quellwasser austritt. Die durchschnittliche Temperatur mitteleuropäischer Quellwasser entspricht dem Mittel der Jahrestemperatur, und zwar relativ konstant, das sind 6 bis 10 Grad Celsius. Kein Wunder, warum mein Tümpel so frisch ist, selbst nach Monaten der Hitze. Eine Schichtstufenquelle sorgt dafür, dass meine kleine Senke hier stets mit frischem Wasser gefüllt ist. Ich lasse mich in den braungrünen Mini-Ozean gleiten, drehe mich automatisch auf den Rücken und lasse mich treiben, denn ich habe ein wenig Sorge, mit den Füßen mir völlig unbekannte Gründe zu berühren. Welche Sorge eigentlich? Eine imaginierte? Sind da unbekannte Wesen, die nach mir greifen? Wassermänner und Nixen? Imaginierte Welt, die plötzlich ganz real wird? Vielleicht ist es nicht hilfreich, wenn man mit zu viel angelesenen Figuren ein unbekanntes Gewässer betritt? Könnte in so einer eiskalten Brühe die Raue Else leben, jene Nixe, die aus einem mittelalterlichen Epos des dreizehnten Jahrhunderts bekannt ist und eine schleimige Schuppenhaut und Kinnhaare bis zu den Füßen trägt? Natürlich ist sie verzaubert, natürlich wird sie durch die Liebe und den dazugehörigen Kuss erlöst, zu einer wunderschönen Frau befreit. So geht es zu im Märchen. Und so dachten die Menschen schon immer. Denn die Imagination drängt sich auf, wenn man auf dem Rücken durch eine Wasserlichtung treibt und in die Kronen alter Bäume schaut. Getragen von der Urkraft des Wassers, das seit Jahrtausenden nichts anderes tut als fließen und seine Geheimnisse in die Welt spülen. Welche Dinge liegen in dieser Senke verborgen, die nie austrocknet, immer und ewig feucht gehalten wird? Sitzen in den Uferbereichen jene Geisterkräfte, die unsere Fantasie beflügeln? Habe ich meinen märchenhaften Ort gefunden? So sehr ich die Kühle liebe, so sehr setzt sie mir zu. Ich kriege den Kopf nicht frei, bei so viel Imagination.

Die Baumriesen scheinen zu lächeln, *ja, begib dich in den Wald und du wirst an dein Innerstes kommen.* Jene Bereiche, vor denen du nicht sicher bist, weil sie dich übermannen können. Fantasie ist eine seltsame Kraft. Sie lässt Gefühle entstehen, bringt Urängste hervor.

Langsam gleite ich ans Ufer und muss doch wieder die Füße in den Grund stecken, um aus der glitschigen Suppe zu kommen, immer wieder zurückstrauchelnd auf der lehmigen Grundfläche. Am Ufer, am sicheren Ufer kann ich meinen Feensee ganz anders betrachten. So sieht es also aus, das Märchenhafte, in dem man in eine andere Welt gleiten kann, wenn man die Gedanken zulässt.

Die Wasseroberfläche hat meinen Besuch schon verdaut, die mehligen Schlieren haben sich verzogen und braungrün-ölig liegt sie da, die Wasserhaut, in der sich die Blätter der grinsenden Bäume spiegeln, einer Schuppenhaut gleich. Und wenn ein Wasserläufer aufsetzt, geraten Miniwellen in Bewegung, die den Panzer wippen lassen. Eine Wolke am Himmel spiegelt sich gleich mit und hinterlässt ein Bild wie ein langer Bart. Wenn man die Augen zukneift, sieht man die Raue Else, sich räkelnd und nimmersatt. Kaum zieht der Wolkenschatten ab, ertönt das gutturale Quaken eines Froschs. *Mein See, meine Wolke, mein Geheimnis,* scheint er zu sagen. Und dann wie aus dem tiefen Bauch der Rauen Else gespuckt, schnappt ein Goldfisch an der Oberfläche nach Mücken. Goldfisch … Wald? Hat der Zierfisch eine Heimat gefunden, nachdem der heimische Gartenteich überbevölkert war? Auf der andren Seite muss es schon ein wirklich reines Gewässer sein, dass sich der hübsche orange Fisch so klaglos hier eingenistet hat. Oder ist das etwa auch eine verwunschene Prinzessin? Ist meine Senke ein Asyl für mythische Figuren? Weil die Raue Else die

Beherrscherin der Meerwunder, aller wunderlicher Wesen des Wassers ist?

Vielleicht habe ich ein ganz normales Gewässer gefunden, vielleicht auch einen Kraftort, um mal das strapazierte Wort zu gebrauchen. In jedem Fall ist es ein Ort, der die Gedanken zum Fließen bringt und die Natur anders aussehen lässt als einen faktischen Zusammenschluss von Wasser, Sauerstoff und Kohlenstoffen. Auch Imaginieren geht nur mit Vorbildern und einer Bereitschaft, sich auf Bilder einzulassen, real und im Kopf. Forstbetriebskarten können also viel, viel mehr sein als ein Patchwork an Farben und Schraffuren, sie können ein Zugangscode zum Verwunschenen sein. Und irgendwer wird vielleicht einmal die goldene Prinzessin erlösen.

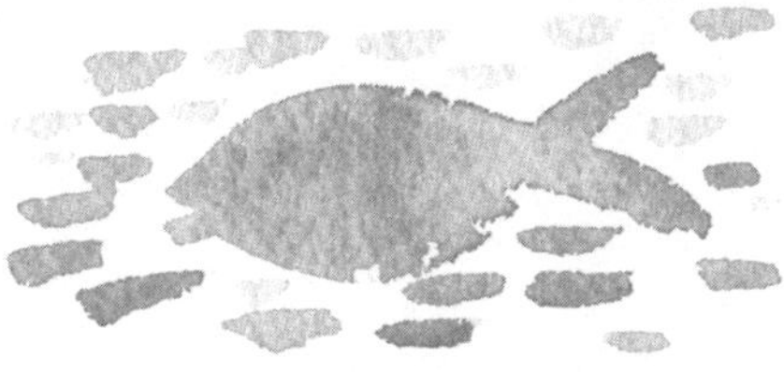

Baumfallen

Die Julihitze steht über dem Wald. Die Vögel scheinen sich in eine unbekannte Mitte zurückgezogen zu haben, das einzige Geräusch ist das Zikadenkonzert vom fernen Waldrand und ein Grundbrummen von Bienen. Hitzestille mit Geräuschen, die nur als Klangteppich eine Rolle spielen. Vereinzelt hört man das Knacken des Holzes in den steilen Partien des Berghangs. Die Farne sind hochgeschossen, aber auch das Indische Springkraut, das sich invasiv eingebracht und es sich gemütlich gemacht hat, in einer Landschaft, die von Fichten dominiert wird. Der Weg führt zunächst zwischen Almen und Wald, ziemlich lieblich, durch die Flur. Zinnkrautsäume und Kleeteppiche. Fichtenstämme mit Moosfüßen, Dinosauriertatzen gleich, bilden sie einen Zoo der Riesen. Der Blick geht unweigerlich in die Höhe, dort, wo die Kronen sich zu einem

Dach formen, durch das kein Licht dringt. Dafür bleibt der Boden kahl und lässt die Moosfüße der Dinosaurierfichten umso stärker leuchten. Wo gerade noch die Sonne niederbrannte, haben nun Schattenpflanzen das Sagen.

Der Übergang vom landwirtschaftlichen in den forstlichen Bereich geschieht nicht allmählich, sondern jäh. Waldfeuchte umfängt mich. Das kleinste Knacken, Rascheln, Schwirren schwillt zu einem Crescendo an. Aus nichts wird Lärm, seltsames Phänomen, das beunruhigt und beruhigt zugleich. Zitronenfalter scheinen Lärm zu machen, wenn sie ganz nah über dem aufgeheizten Waldboden von Blüte zu Blüte huschen. In diese Stille hinein dringt ein Konzert an Knackgeräuschen. Neben dem Weg geht es steil in eine Landfurche, abfallendes Gelände, für eine Schlucht zu klein, für ein Tal zu eng, für eine Schneise zu viele Bäume, man nennt das wohl Kerbtal. Das Knacken schwillt an, wird zum bedrohlichen Summen, nimmt Basstöne hinzu, ich sehe, wie sich zwischen den Dinosaurierfichtenfüßen die Vertikale bewegt. Alles steht senkrecht, nur ein Baum nicht, der sich wie in Zeitlupe zur Seite neigt. Furchtbares Rauschen, Bersten, Schäumen der Baumkronen, die aneinander reiben, ein sich Verhaken der Äste, splintendes Holz, das sich langsam, ganz langsam in den Talgrund fallen lässt. Ein fallender Baum, einfach so. Hundert Jahre Baumleben, die zu Ende gehen, in Zeitlupe. Der Regen des Vortags hat die Erde so aufgeweicht, dass der Wurzelballen, der seit Jahrzehnten jedem Schnee, jedem Sturm getrotzt hat, sich an seinem Untergrund nicht mehr halten kann. Irgendetwas hat das Übergewicht bekommen und wie im Slowmove fällt der Riese, reißt auf seinem Weg nach unten einige andere mit, will nicht alleine sterben, sondern begeht erweiterten Selbstmord.

In einer Kakophonie aus Splittern, Bersten, Rauschen, Knacken, einem lang gedehnten Schrei gleich, liegt der Baumriese plötzlich still. Aufragend nur der Wurzelteller. Die zarten Wurzelenden wie gekappte Adern in der Luft baumelnd, der Wald ist wieder sommerstill, hat den Baumtod verschluckt. Die Zeitlupe wurde angehalten. Der Baum hat sein Grab gefunden, in dem er als Totholz liegen bleibt, weil ihn an dieser steilen Stelle wohl niemand herausnehmen wird. An seiner Statt werden neue Bäume treten, endlich fähig, höher zu wachsen, weil der alte Schattenspender sich verzogen hat. Im großen Baumhimmel, möchte man ihn sich als solchen vorstellen, werden die Baumweisen ihre Köpfe schütteln und sagen: »Wieder einer von uns, ein greiser Baum, dem die Puste ausgegangen ist.« Vielleicht wegen Erosion, vielleicht wegen Regen, vielleicht wegen andauernder Hitze, die auch ein plötzlicher Regen nicht heilen kann, weil das Holz schon zu spröde geworden ist und ein Ansturm von Nässe zu nichts anderem führt als zu einer Art Nierenstau im Baum. Dann noch ein großes Abschiedskonzert der Holzgeräusche. So plötzlich das Sterben losging, so jäh endete es.

Ich stehe gebannt vor dem Wurzelteller und einer Schneise scheinbarer Verwüstung keine drei Meter hangabwärts von meinem Weg entfernt. Und will den Gedanken nicht zu Ende denken, wenn er auf der anderen Wegseite gestanden hätte.

Am Rande

Nach einem heißen langen Sommer stehen an vielen Böschungen und Gräben, Rändern und Senken die Bauernorchideen in voller Blüte. Der schwere, fast irritierend sirupsüße Duft, den die violetten Kelche des Drüsischen Springkrauts verströmen, überlagert jeden anderen Geruch. Obwohl dahinter Nadelbäume aufragen, macht sich ein Tropengefühl breit. Die Stängel dieser Neophyten, die im neunzehnten Jahrhundert zur exotischen Gartenzierde aus dem indischen Subkontinent eingeführt wurden, stehen über zwei Meter hoch und bestimmen das Bild der örtlichen Botanik. Sie verflauschen, wenn man es so sagen darf, ganze Gebiete und tüpfeln die Landschaft in Lila und Grün, fast wie auf einem Gemälde des Pointillismus. Manche Ortsvereine haben sich seiner Ausrottung verschrieben, aber für Bienen stellt das stark zuckerhaltige Kraut einen späten, bis in den Oktober blühenden Nektarspender dar. Das Springkraut verändert den Look der Landschaft. Und lenkt den Blick auch auf die Waldränder.

Ich will mich schlaumachen, was es mit dem Waldrand auf sich hat, über den ich nie nachgedacht hatte, bis ich auf den Begriff »idealer Waldrand« stieß. Bislang war der Waldrand für mich das natürliche Ende des Waldes, mal mehr, mal weniger aufregend anzusehen. Auf einmal ist es ein gestalteter Raum, dem beim Waldbau große Bedeutung zukommt. Seit ich das weiß, fahre ich an Wäldern anders vorbei, betrachte die Waldarchitektur neu. Jetzt will ich ihn finden, den idealen Waldrand, der theoretisch aus einem Krautsaum, einem Strauchgürtel, ja und dem Waldmantel besteht. Was für ein schönes Wort, *Waldmantel*, gemütlich, schützend, den Wald wärmend. Fast. Bäume, deren Kronen bis weit nach unten hängen, bilden den Waldmantel. Der Waldrand als Ganzes ist ein Ökozon, ein Raum, in dem zwei unterschiedliche Lebensräume aufeinandertreffen. Artenreich und optisch vielgestaltig kommen die im Naturschutz bedeutsamen Randbereiche daher. Sträucher, Kräuter, Gräser, Gehölze. Ein idealer Waldrand steigt langsam an, um Stürmen keine Angriffsfläche zu bieten. Winde ziehen, von der homogen immer höher wachsenden Pflanzenwelt gedämpft, sanft nach oben und fahren nicht ungebremst in die Baumkronen. Der Waldrand als eine Art Windschutzscheibe, die je artenreicher sie ist, umso dichter steht und so vor Waldbruch schützt.

Am Waldrand ist die Artenvielfalt hoch, es ist der Rendezvousplatz von Schmetterlingen. *Rendezvousplatz*, auch so ein schöner Fachbegriff, den man sich gleich in das Album der poetischen Wörter schreiben möchte. Oder weil man selbst den Waldrand als Rendezvousplatz nutzen will. Hinter sich den gut geschützten Wald, vor sich meist freie Flächen, Flure, Felder, Wiesen, Auen. Freier Blick auf Sonnenunter- oder -aufgänge, Sternenhimmelweite und Mondlichtfelder. Eine Bank an diesem Ort kann Poesie entfachen, man ist dem Wald so nah, ohne in ihm zu sein. Man kann entlangschlendern und wird geführt durch das dichte Grün einerseits und die Weite auf der anderen Seite.

Rehe lieben den Waldrand am Abend und am Morgen, wagen sich dann aus der Heimlichkeit. Das weiß auch der Jäger und stellt die Kanzeln genau dahin. Leben und Tod an einem Fleck mit Idealbedingungen für beide. Vielleicht ist der Übergangsbereich deshalb so magisch, weil er existenziell werden kann, für die Bäume und die Tiere. Für den Menschen ist er eine mehr oder weniger fassbare Grenze, Pforte in das Dunkel oder romantische Schatztruhe, biologische Vielfalt und Nische, auch für Gedanken.

Mit mehr Wissen sehe ich den Waldrand jetzt anders. Hinterfrage seine Güte, überlege, ob man die Felder bis ganz nah dorthin bestellen muss oder ob nicht ein wenig mehr Abstand für alle besser wäre.

Ich weiß jetzt, dass Waldränder ein unruhiges Muster haben müssen, auch wenn sie auf topografischen Karten sanftgrün dargestellt werden. Denn das Miteinander der verschiedenen Pflanzen ergibt ein Bild der Vielfalt. Immer da, wo es allzu einheitlich aussieht, ist etwas verkehrt. Da hat sich etwas breitgemacht, was allen andren Pflanzen keine Chance mehr lässt. Eine Plagepflanze ist der Japanische Staudenknöterich, der in wenigen Wochen bis zu vier Meter hoch wachsen kann und alles unter sich mit seinem Schatten gebenden Laub begräbt. Wo er wächst, gedeiht sonst nichts mehr. Zwei Meter tief in den Boden reichen seine Rhizome, die Erdkriechsprossen, wo sie mühelos überwintern, um im nächsten Frühjahr mit dem Massenwachstum weiterzumachen. Der dadurch ausgehungerte Boden schwemmt bei Starkregen einfach davon. Mancherorts hat man versucht, den Ziegen die ledrigen Blätter schmackhaft zu machen, ohne Erfolg. Gegen diese 1825 als Futtermittel nach Europa eingeführten Pflanzenriesen ist kein Kraut gewachsen. Auch wenn die weißen Blüten wie ein kolossaler Federputz wirken, macht dieses Grünzeug Angst. Regt die Fantasie an. Ist ein Dornröschenpanzer, der den Wald umschlingt, der einen umschlingen würde, säße man nur lange genug auf einer Bank unter ihm.

Um die Kraft und die Ausbreitungsenergie zu verdeutlichen, werden aufwändige Monitorings betrieben. Die Pflanze verändert nicht nur die Biotope, sondern auch das Aussehen von Waldrändern. Man bekommt eine Ahnung davon, was die antiken Menschen angesichts solcher Phänomene an Naturmystik hineingedichtet hätten. Welche Märchen würde der Knöterich auslösen, lebten wir in einer Zeit der mündlich erzählten Geschichten? Was würde es mit zwei Liebenden machen, die sich nicht voneinander lösen können, den Waldrand im Rücken, den freien Blick in die Sternennacht vor sich? Ganz allmählich würde sie der Knöterich umranken und unter ihnen ein Rhizomgeflecht bilden, das dem Boden allmählich alle Feuchtigkeit entzieht. Eingesponnen in einen Kokon aus Stängeln mit breiten, spitz zulaufenden Blättern würde das Paar in seiner Knöterichglocke eingewebt. In jene Pflanze, die eine Menge Phytoöstrogene enthält, die in der Antike als Verhütungsmittel eingesetzt wurden. Der selbst so potente Knöterich macht allem anderen Wachstum den Garaus. Auch wenn man aus ihm einen cholesterinsenkenden Tee bereiten kann.

Ach ja, und aus den verholzten Rhizomen lassen sich Panflöten machen, jene siebenröhrigen Hirteninstrumente, die der griechische Gott Pan auf dionysischen Festen spielte. Er wurde als der Gott des Waldes, der Jahreszeiten und der Fruchtbarkeit verehrt. Als mythologisches Mischwesen wird er mit zottigem Ziegenhinterleib und mächtiger Männerbüste dargestellt. Die besondere Liebe dieser Chimäre galt der Mondgöttin Selene. Ein ungleiches Paar. Er, der ungestüme Leidenschaftliche, der virile Kauz aus dem Wald, sie die Liebhaberin zarter Küsse und Schwester der sanften Morgenröte und der Sonne.

Ziegen, Mond, Flöten, Liebe. Sage noch einer, dass der wuchernde Waldrand »nur«

Anfang und Ende eines Waldes ist. Es ist von jeher ein magischer Ort, der eine zeitlose Ruhe verströmt. Kein Wunder: Störung beim Mittagsschlaf kann Pan nicht ertragen, dann schallt sein meckernder Schrei aus dem Wald, und Mensch und Tier stieben in *panischem* Schrecken davon. Hinter ihnen schließt sich der Knöterich zu einem undurchdringlichen Vorhang, den auch das Licht des Mondes nicht durchdringt.

Baumretter

Dass auch Bäume reisen, überrascht in Zeiten des globalen Onlinehandels kaum. Je exotischer, desto besser. Und wenn bei uns das Klima jetzt wärmer wird, könnten doch auch mal kontinentfremde Bäume die Wälder schmücken? Welche, die wärmere Temperaturen ertragen. Die nicht anfällig sind für Schädlinge wie der Borkenkäfer, der sich dank Klimaerwärmung um den Untergang der Fichten kümmert.

Bäume einführen nach Europa hat Tradition. Im neunzehnten Jahrhundert sind die großen Arboreten ebenfalls auf diese Weise entstanden. Man leistete sich exotisches Samengut, Setzlinge, Ableger, kultivierte sie und gestaltete Parks. Der englische Botaniker John Claudius Loudon (1783–1873) hatte neben der Erforschung von Bäumen noch mehr im Sinn: Er wollte die Natur in die Städte bringen und ganz demokratisch allen Menschen Zugang zu botanischem Wissen ermöglichen. Das Prinzip der Englischen Gärten, die kein Garten, sondern eine naturnahe Kulturlandschaft sein wollen, kam ihm bei seinem Vorhaben entgegen. Er schuf das Vorbild für die Royal Botanic Gardens in Kew und empfahl Bäume mit luftigen Kronen für öffentliche Parks. Außerdem hinterließ er theoretische Schriften zur idealen Städteplanung und eröffnete eine Schule, in der speziell die Kultivierung des Bodens gelehrt wurde.

Optimale Bedingungen für jede einzelne Pflanze, das war eines von Loudons Zielen. Er selbst reiste und forschte. Heute würde er sich vermutlich gefährdeten Bäumen widmen. Vielleicht speziell einer Baumart, die seit dem Tertiär nachgewiesen ist und schon so manche Verfolgung aushalten musste. Die Gewöhnliche Esche ist einer der höchsten Laubbäume und kam jahrtausendelang in ganz Europa vor. Im Mittelalter wurde sie durch Brandrodung zur Ackergewinnung zurückgedrängt. Bis ins neunzehnte Jahrhundert hat die Ziegenhaltung im Wald der Esche zugesetzt. Sie hat allen Widrigkeiten getrotzt und wurde zum wichtigen Holzlieferanten und Futterlaubbaum fürs Wild. Das biegsame Holz macht sie zum Liebling der Schreiner und Wagner. Steile Gründe können ihr nichts anhaben, und die junge Esche ist schattentolerant. Ein toller Baum. Ja, bis vor etwa zehn Jahren, als man, von Polen ausgehend, ein Sterben der schönen Riesen entdeckte.

Nackte Kronen, in denen Mistelknäuel das einzige Grün sind. Baumskelette von großer Höhe hinterlassen in Wäldern zerrüttete Silhouetten. Nekrosen an den Borken geben den Bäumen eine fiebrige Fleckigkeit. Fieberhaft wird auch über die Ursache des Sterbens und vor allem über die Rettung der Europäischen Eschenarten geforscht. Tatsächlich war das gar nicht so einfach und vielleicht hätte es einen Baumdemokraten wie John Claudius Loudon gebraucht, um schneller dem Geheimnis auf die Spur zu kommen. Er war mit Sicherheit ein Liebhaber der Esche, heute sind Eschen im Vereinigten Königreich seit 2013 nahezu ausgestorben.

Schuld am Eschensterben ist ein Pilz. Lange Zeit dachte man, dass das Weiße Stängelbecherchen der Übeltäter sei, bis man herausfand, dass ein identisch aussehender Doppelgänger ungezügelt zu Werk geht. Er setzt sich per Windflug auf die Eschenblätter und befällt so den ganzen Baum. Aus dem herabgefallenen, kranken Eschenlaub wird Humus, der sich wiederum durch Wind verbreitet und die Krankheit reisen lässt. Angefangen hat der Weg der Seuche wohl in der Mandschurei, wo es allerdings Eschenarten gibt, die ganz famos mit dem Schlauchpilz zusammenleben. Vielleicht war ein Transport der Mandschurischen Esche nach Europa schuld, dass der Pilz die weite Strecke schnell überwand? Reisende Bäume sind eben keine Seltenheit mehr, in Zeiten der Globalisierung.

An der Queen Mary University in London wird seit 2013 an der Genomentschlüsselung der Gewöhnlichen Esche gearbeitet. Ableger der Gewöhnlichen Esche werden genetisch resistent gemacht, um die Baumart zu retten, die viel mehr ist als ein mächtiger schöner Stadt- und Waldbaum. Die auf Altisländisch verfasste *Edda* besang im dreizehnten Jahrhundert den Weltenbaum Yggdrasil, den Sitz des nordischen Götterkosmos. Seit der Antike ist die Esche ein Baum für Krieg und Frieden. Aus ihr wurden Lanzen gemacht, so schrieb Hesiod im siebten Jahrhundert v. Chr., aber eben auch Arznei, die wirksam ist gegen Harnleiden und Gicht, Fieber und Rheuma. Die Ärzte der Antike, des Mittelalters und der Renaissance waren begnadete Botaniker und Heiler in einem. Hildegard von Bingen gilt als betende Botanikerin und Medizinfachfrau schlechthin – bis heute. Auch sie hatte die Esche medizinisch im Blick. Jetzt ist der Baum krank, der einst heilte.

Wenn eine prägende Baumart krank ist, verändert es das Aussehen der Wälder. Wenn eine Baumart stirbt, gerät das gesamte Ökosystem durcheinander.

Gehe ich durch den Wald und sehe die mächtigen Gerippe aufragen, denke ich an die vielen Menschen, die daran arbeiten, Bäume zu retten, Forscher, Botaniker, Landwirte, Förster – sie alle wirken im Hintergrund an Langzeitprojekten, um die nächsten hundert Jahre vorzubereiten. Wälder, in denen Baumarten nach jahrtausendealter Standhaftigkeit sterben, sind Friedhöfe. Und wer weiß, ob wir nicht die Totengräber sind, die genau das verursacht haben? Für Waldlust braucht es Achtsamkeit, Forschung, Pflege, Visionen und Geschichten, die uns den Wald noch kostbarer machen, als er es schon ist.

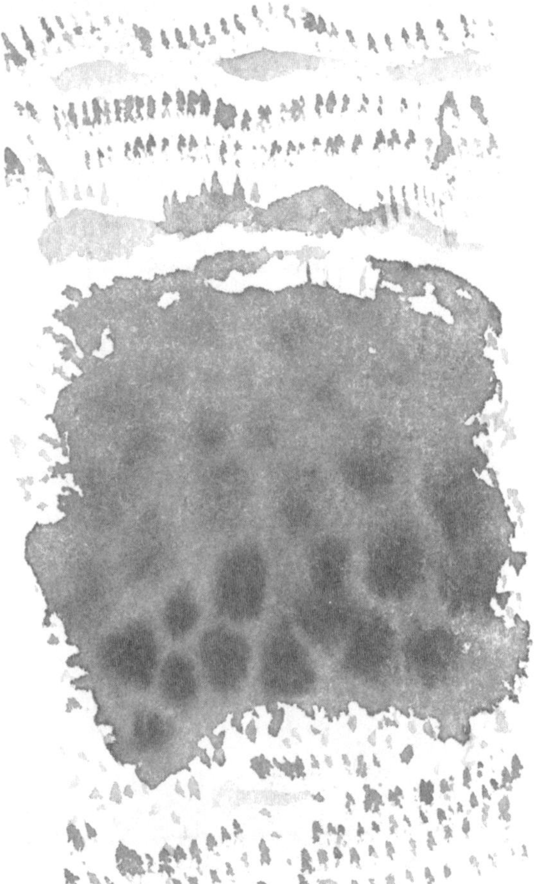

Ein uraltes Bett aus tausend Ästen

Ich fasse in ein grünes Geflecht Tausender kleiner Arme, die sich in einer geheimen Choreografie umeinander legen, die sich vernetzen, betasten, miteinander in Verbindung treten, aus der Verflechtung ein Gebilde formen, das sich wie ein schaumiges grünes Polster anfühlt. Das Grün ist frisch und ufert zart in verschiedene Schattierungen aus. Die Strukturen scheinen nur auf den ersten Blick gleich zu sein, doch je mehr ich mich herunterbeuge, umso artenreicher, vielfältiger werden die Verästelungen. Die der Kryptogame, Geheimblüher, Moose. Das ist nicht nur eine Art, hier haben sich mehrere zu einem Reigen, zu einem grünen kleinen Polsterwesen zusammengefunden. Der Wald ist an dieser Stelle nicht undurchdringlich, er hat Lichtinseln, in denen diese luftigen Gewächse hügelige

Flächen bilden. Es sind jene Pflanzen, die seit mehr als 450 Millionen Jahren unsere Erde umspinnen. Der älteste Fund stammt aus dem Unterdevon, das Lebermoos *Pallavicinites devonicus*. Lange hat man den wohl anpassungsfähigsten Pflanzen keine Beachtung geschenkt. Und das, obwohl schon die Menschen der Frühzeit genauestens Bescheid wussten über die Wirkstoffe mancher Moose und Flechten und Farne, denn genau sie zählen zu den Kryptogamen, deren Blüten man nicht sieht und die sich nur ganz heimlich vermehren. Wer sich damit wissenschaftlich beschäftigt, sind die Forscher der Bryologie, was für ein Name!

Aber vielleicht sollte man sich das Mooserlebnis nicht mit zu viel Wissenschaft verbauen, schließlich geht es um das sinnliche Verstehen. Doch was, wenn das Sinnliche Bedürfnisse weckt? Wenn nach einmal durch das Moos streichen die Hände nach Limetten und Zimt duften und man wissen will, warum? Was, wenn nach dem Berühren die Feuchtigkeit der Moose wie eine geheime Substanz auf der Haut bleibt und sich ölig anfühlt? Was wenn die Verästelungen so stark sind, dass man in sie hineinsinkt, Zentimeter um Zentimeter, bis man auf dem Waldgrund ankommt?

Ich lege mich mit dem ganzen Körper auf ein Moosbett und lasse mich fallen, im wahrsten Sinne des Wortes, eine nie dagewesene Leichtigkeit. Sinke, versinke, die Baumkronen über mir schließen sich zu einem Kranz, durch den kleine hellblaue Himmelsmuster ziehen. Die kapselartigen Miniärmchen der Moose fassen nach mir, umranken mich, und bliebe ich lange genug liegen, würden sie mich überwuchern. Das stimmt natürlich nicht. Moose wachsen langsam, ernähren sich durch den Niederschlag, filtern und geben Feuchtigkeit ab. Sie sind ein Filtersystem, ein ökologisch nicht zu unterschätzendes Regulativ. Und doch sind sie die reine Poesie. Gottfried August Bürger schrieb im achtzehnten Jahrhundert:

Wenn gleich in Hain und Wiesenmatten
Sich Baum und Staude, Moos und Kraut
Durch Lieb' und Gegenliebe gatten;
Vermählt sich mir doch keine Braut.

Als Bürger diese Zeilen dichtete, wurde die Wissenschaft um die Moose erst entdeckt. Der Leipziger Arzt Johannes Hedwig veröffentlichte 1792 das Buch *Fundamentum historiae naturalis muscorum*, in welchem er dem Fortpflanzungszyklus der Moose auf die Spur kam. Danach lieben sich die Moose eben nicht gegenseitig, sondern vermehren sich durch Generationenwechsel, bilden so etwas wie Embryonen, kleine Fortpflanzungskapseln, oder machen es vegetativ. Siedeln sich weit weg auch von ihrem Standort wieder an und betreiben maximale Photosynthese, weil sie durch ihre Ästchenstrukturen unglaubliche Oberflächen besitzen. Es sind kleine Kraftkörper, auf denen ich liege, deren Terpene sich wie ein Schleier auf mich legen und die Sinne besänftigen. Ein Blick in den

Himmel, die Moose im Rücken, wer liegt hier auf wem? Der Himmel, die Wipfel, der Duft und die Leber-, Laub- oder Torfmoose, in deren Mitte ich nur Gast bin. Das Geräusch der Moose als leises Ploppen, ihre Bewegungen ein Sich-Senken und Sich-wieder-Aufrichten. Wellenbewegungen, ganz kleine Schwingen des Bodens. Die Wolken ziehen über die blauen Spalten zwischen den Baumwipfeln. Es ist wie ein langsamer Tanz in einen sanften Schlaf. Waldschlafen, vielleicht ein Trend? Und doch so alt wie die Moose, die schon vor den Wäldern geboren wurden.

Der Wald des Gelächters

Man sollte an dunklen Tagen keine Schluchten aufsuchen. Das betrifft sowohl die Dunkelheit im Herzen als auch die am Himmel. Aber wer denkt darüber schon nach, wenn er mit einer Wanderung beginnt. Sollte man aber, Wanderungen machen etwas mit einem, Schluchten erst recht.

Abfahrt Schluchtwanderung, *Vorsicht enge Kurve*, sagt das handgemalte Schild. Als ich aus dem Auto aussteige, blitzt die frühe Morgensonne über dem Bergkamm. Wo sie hinscheint, verrutscht das Grün des Waldes zum Kaleidoskop aus grünen Würfeln, wenn man die Augen ganz eng zukneift. Die der Sonne abgewandte Seite ist eine konturlose schwarze Wand aus Nadelhölzern und Felsen. Eine Yin-Yang-Schlucht, kommt es mir in den Sinn, nicht ahnend, welche Mythen in dem fetten Spalt der Berge noch lauern könnten. *Vorsicht. Rutschgefahr.* Ein kleines, ebenfalls ungelenk gemaltes Schildchen am Beginn eines lieblichen Wegs durch Blühwiesen und eine Schafskoppel. Worauf soll man hier ausrutschen, auf Schafsdung? Ich lächle und seile den Hund los, er wird sich schon halten können zwischen all der Idylle.

Der Weg führt so, dass ich nur Augen für die Sonnenseite der Schlucht habe, die sich scheinbar zwischen dem Holunder, den Haseln, den Buchen und Bergahörnern versteckt, die flaumig hinter der Wiese ein Sichtpolster bilden. Der Weg verjüngt sich und stößt an ein Drehkreuz an. *Nur für Geübte.* Wieder irgendwie gekrakelte Lettern auf Brettern, sieht nicht sehr professionell aus, eher so nach Oberlehrer. *Für geübte Drehkreuzdreher*, witzle ich meinem Hund zu, der das Drehkreuz unterläuft. Wenig später denke ich, dass man besser *Sie verlassen Ihre Komfortzone* hätte schreiben sollen. Aber

Neugierde und Selbsteinschätzung machen einen immun.

Der Weg bekommt eine Abwärtsbewegung, rechts und links ragen Farne und glitschige Kriechblätter herein. Die Bäume, die von Ferne so hübsch als Kulisse gewirkt hatten, werden nun zu hoch aufgeschossenen Riesen, die sich akrobatisch an felsiges Gelände klammern. Die am Saum stehenden Laubbäume gibt es natürlich längst nicht mehr, nur noch Fichten und Tannen und wenige Lärchen, die sich zu einer dunkelgrünen Nadeldecke zusammenraufen. Dazwischen unerreichbare Beeren. Der Hund muss nun aufpassen, wohin er seine kurzen Beine setzt. Und dabei das eigene Gewicht zusammenhalten, weil der Weg nach jeder Biegung stärker nach unten zieht. Ich setze Fuß vor Fuß auf dem nassen Geröll. Irgendwoher kommt ein Rauschen, das bislang nicht zu hören war. Die Felsen weinen und aus allen Spalten dringt Wasser, das dank noch einfallender Sonne zu einem Nebel wird.

Plötzlich wird klar, warum die warm beschienene Seite so eine Farbmacht hat. Tausende von Tröpfchen spiegeln die Tausende von Grüntönen wider, ein Pointillismus der besonderen Art. Tausende Prismen, die die Welt zerlegen und einem sagen, dass nichts ist, wie es scheint. *Nur nicht tiefgründig werden*, denke ich, *du brauchst hier Konzentration*. Die Steine unter den Schuhen knirschen, als würde man ein Zuckerstück mit den Zähnen zermahlen. Ich lasse den Hund jetzt hinter mir gehen. Seine Schritte sind unsicher geworden, nachdem sich eine kleine Steinlawine vor seine Pfoten ergossen hat. Verursacht scheinbar durch einen Tautropfen, der beim Herunterfallen eine Kettenreaktion ausgelöst hat.

Als plötzlich ein tiefer Spalt auftaucht, in dem es brodelt und schäumt, schrecke ich einen Moment zurück. Bislang hatte sich das Rauschen wie Töne aus großer Ferne angehört. Ich hatte vergessen, dass die vielen tausend Grüntöne auch viele tausend Blätter bedeuten, die den Schall dämpfen. Dass jeder Höhenmeter ein Schutzschild vor Lärm ist. Und dass die Konzentration auf den Weg viel Aufmerksamkeit bindet. Jetzt liegt sie da, die Felsspalte, in deren Mitte furios ein schillernd blaues Wasser fließt, nein, tobt und alles mit sich reißt, was sich ihm starr entgegenstellt. Bäume spreizen sich von einer Flusswand zur nächsten. Der mächtige Felsspalt ist ein Nebelfänger, ein Feuchtbiotop, das uns unwegsames Gelände beschert, dort wo sich seit Jahrmillionen Jahren das Wasser einen Durchbruch sucht und ihn wie ein sehr geduldiger Bildhauer zu einem riesigen Kunstwerk schleift.

Nur für Geübte fällt mir jetzt wieder ein, da ich den Hund anleine und versuche, ihn von einer hohen Stufe zur nächsten zu heben. *Nur für Hunde mit langen Beinen* hätte da stehen sollen. Denn meine kleine tapfere Hündin hatte instinktiv bereits den Rückweg angetreten, sie hatte die Gefahr gespürt, als sie sich hinter mich verzogen hat. Ich muss die roh gehauenen Stufen einzeln nehmen, den Hund hinterherheben. Stufe für Stufe in Richtung schäumende Energie, die nun wie in einem Dom zu einem orchestralen Rauschen wird. Vogelzwitschern, Steine am Flussgrund, plätschernde Felsströme – nichts ist still in der Schlucht, ein Schrei wäre nicht herauszuhören.

Eine durch Ketten gespannte Bohlenbrücke führt über eine glattwandige Schneise, die an ihrem Fuß dem Fluss die Möglichkeit gibt, sich zu einer Gumpe zu sammeln. Türkisblaues Wasser, das die Steine am Grund tausendfach verzerrt und vergrößert. Alles multipliziert sich hier unten, auch meine Angst, den Hund da nicht wieder herauszubekommen, abzurutschen oder dem stillen Rausch der tiefen Schlucht nicht gewachsen zu sein. Eine Schlucht macht was mit einem. Der Wald, der sie umstellt, ist ein anderer als einer, der auf sicherem, federndem Boden wächst. Wenn ich nach oben schaue, bilden die Sprühnebel Regenbogen. Darüber das Blättergeflimmer, Strasssteinchen im grünen Meer der Kronen. Der Weg mäandert nun an den Fels geschmiegt weiter. Keine zwanzig Zentimeter, zu schmal für einen dicken Hund, zu schmal für eine Seele, die lieber mental in Abenteuern schwelgt, als sie real zu erleben. Lieber imaginiert, weil man die Gedanken schnell ablenken kann, wenn es brenzlig wird. Hier sollte man sich nicht ablenken lassen. *Nur für Geübte* meinte vermutlich die geistige Beschaffenheit. Dieses gewaltige ewige Rauschen muss man aushalten können, überkreuzte Baumstämme auch. Welch eine Wucht, die Bäume zu Mikadostäben macht!

Wenn ich hilfesuchend an die Felswand fasse, greife ich in Moos. Sanfte Polster, Schmeichelgriffe, fluffige Zeugen aus einer anderen Zeit. Ganz anders die Drahtseile, die sich plötzlich an der Wand entlang spannen, weil der Weg nur mehr ein Hüpfen von Felsnase zu Felsnase ist. Hier kann ich den Hund nicht sichern, ich muss umkehren. Eine Art Scheitern in der Schlucht, die ich schlecht vorbereitet erobern wollte. Und die mir sagte: *Du bist noch nicht so weit, mach dich erstmal schlau, auf was du dich einlässt.* Als ich den Weg zurückgehe, lacht das Tausendblättergrün schief. Das Wort Greenhorn scheinen sie erfunden zu haben. Noch nicht reif für Grün.

Schweiß rinnt mir von der Stirn, als ich den Hund wieder Stufe für Stufe nach oben hebe und meine Beine nachziehe, die längst zittrig sind, weil das Adrenalin nicht ständig nachgepumpt wird. Nichts an mir ist noch trocken. Die Knie ständig an den nassen Felsen, die Schuhe vollgesogen mit Wasser aus einem kleinen Rinnsal, das ich flacher eingeschätzt hatte. Ich zwieble die Haare zu einem Knoten, damit mir nicht ständig Strähnen ins Auge fallen. Es reicht schon, dass einzelne Zweige auf Opfersuche sind. Das Rauschen der Blätter wird zum tausendfachen Lachen. *Nur für Geübte* – kannst du nicht lesen? Die Vorsicht liegt mir nicht, aber anscheinend auch nicht der Mut. Schlechte Kombi, wenn man auf eine Schlucht trifft, in der man sich besser jeden Schritt überlegt. Wo die Geräusche eine Klangwolke bilden, deren einzelne Instrumente man nicht kennt. In der einem die eigene Kleinheit bewusst wird. Und sich Gedanken überlagern und es kein Entrinnen gibt vor dem eigenen Selbst.

Die Schlucht wird zur Metapher, zum Gegenspieler des Meeressaums und der Weite des Horizonts. Wird zur mythologischen Entsprechung. Die griechischen Sagen sind voll davon. Der Eingang zur Unterwelt – eine Kluft im Hain der Persephone, so sagt man, oder eben am Ende der Welt, an den Ufern des Okeanos – wird von herabstürzenden Flammenflüssen zerteilt, bevor tief unten in den Schluchten der Unterwelt Charon die Toten übersetzt. Bis heute werden in Teilen Kleinasiens Schluchten nach dem Totenfährmann benannt: Charonien. Oder Orpheus' vergeblicher Gang, um Eurydike dem Hades zu entreißen. Schluchten sind Märchenstoff. Bilder von Filmszenen huschen wie Flashs durch den Kopf. Via Mala, Western, kanadische Abenteuer, Bergler- und Wildererschicksale in Südtirol. Im neunzehnten Jahrhundert, der großen Zeit des russischen Romans, wird die Schlucht eine der

Natur entlehnte Deutungsgröße. Iwan Gontscharows Roman *Die Schlucht* und Tschechows Erzählung *In der Schlucht* sind fast zeitgleich entstanden, große Zeitzeugnisse und psychologische Studien.

Das alles fällt mir ein, beim beschwerlichen Weg aus der Schlucht heraus, einer Schlucht, die weder in den Hades führt, noch in der sich die Felsen zusammenschieben oder man gar den Boden unter den Füßen verloren hätte. Aber man könnte. *Nur für Geübte*. Ich komme aus der Schlucht ein wenig bescheidener wieder heraus. Das grüne Lächeln der Wälder, die die Schlucht behüten, wird milder.

Als ich mich in einem Gasthaus weit oberhalb der Wasserfurche niederlasse, tanzen immer noch schillernde Tröpfchen durch die Luft. Wassergesättigte Luft über dem Abgrund, angeblich supergesund, wie die Speisekarte des Gasthauses meldet, Aerosole und sonstige Heilpartikelchen, die der brodelnde Fluss von unten nach oben schickt. Die Atmung machen sie frei. Ein Gang in die Schlucht macht frei von

Überheblichkeit und lenkt, wenn man es zulässt, den Blick aufs Wesentliche. Wer das geschafft hat, gehört zu den Geübten. Der Wächter über diese Schlucht ist ein weiser Mann.

Die Seele des Waldes

Die Seele ist unsterblich, so sagt man. Kann man eine Seele erben? Solange es Lebewesen gibt, wird ge- und vererbt. Einmal heißt es ganz botanisch »Erbgut«, dann wieder sind es ideelle Werte, die wir vererben, oder eben ganz dingliche, Mobilien und Immobilien. Ein Wald ist eine Art mobile Immobilie, er bleibt am Ort, doch wächst er und verändert seine Form. Oder eben auch nicht. Was macht es mit den Menschen, wenn sie einen Wald erben? Werden sie dann automatisch leidenschaftliche Waldhüter oder gar Förster? Oder eben nur Waldbesitzer, die sich ihrer Aufgabe bewusst sind und sich im Waldbesitzerverband zusammenschließen?

Die Fakten sagen: 48 Prozent des deutschen Waldes ist Privatbesitz, und Waldland nimmt zu, weil man auf- und gleichzeitig wieder abforstet, weil man versiegelt. Es ist ein einziges Ringen um den Wald und seine Flächen, um den riesigen Wasserspeicher, Ökogiganten und Klimaregisseur. Dabei ist Wald eine Angelegenheit, die nicht jetzt und sofort und nicht immer gleich funktioniert. Ja, noch nicht einmal denjenigen belohnt, der sich um den Wald verdient macht, sondern vielleicht erst Generationen nach ihm. Forst ist ein Generationengeschäft, und wer es gut macht, kann Liebe zur Natur, Lebensqualität und Landschaft vererben. Wie muss ein Mensch beschaffen sein, um sich einer Aufgabe zu verschreiben, deren Lösung er selbst gar nicht vollumfänglich wird genießen können?

Ich forsche ein wenig nach *Waldgönnern*, obwohl das kein offizielles Wort ist. Aber es treibt mich um, zu erfahren, welche Persönlichkeiten sich unsterblich machen durch einen Wald. Bei meiner Recherche stoße ich auf einen Mann, der sich zunächst nicht als Forstmann hervortat, allerdings eine bedeutende Kopfbedeckung erfand: den Stahlhelm M1916. Dieser Erfinder August Bier (1861–1949) war ein leidenschaftlicher Arzt und Chirurg. Einer, dem der gesamte Körper am Herzen lag, der sich für Homöopathie und Gymnastik einsetzte und sich mit der Seele befasste. August Bier war ein Mann der Gegensätze, vielleicht auch, weil er in Heraklits Lehre sein Erklärungsmodell fand: Gegensätzliches, das sich bedingt. Auf den Vorsokratiker Heraklit, der rund 500 v. Chr. lebte, geht auch das Prinzip *panta rhei* zurück, *alles fließt*, der Prozess des Werdens und Wandelns. Bier verehrte Heraklit, hatte viel übrig für dessen Ansätze. Übernahm auch dessen Kritik an der oberflächlichen Realitätswahrnehmung der meisten Menschen.

Er selbst verbrachte sein halbes Leben in Großstädten, wirkte dort, wo man ihn als Arzt und Berater brauchte. Er erfand neue Betäubungsmethoden und versuchte den Menschen ganzheitlich zu behandeln, da Krankheit für ihn immer ein Ungleichgewicht bedeutete.

Allerdings wurde Bier von klein auf zum Waldliebhaber erzogen. Sein Vater war

Geometer beim Fürsten zu Waldeck und nahm den kleinen August oft mit zu den Vermessungen auf den Ländereien. Forstwirtschaft oder Medizin war für Bier dann die Frage, als es um das Studieren ging. Er entschied sich für die Medizin und betrieb sie – ganz im Sinne Heraklits – mit *logos*, also Erkenntnis und Leidenschaft. Doch der Wunsch nach Wald war immer da. 1912 kaufte er sich den Forst Sauen in Brandenburg südlich von Berlin – gute Honorare der Privatpatienten machten es möglich. Es war ein in den Zeitläuften und unter diversen Besitzverhältnissen heruntergekommener Wald, der seit dem sechzehnten Jahrhundert ausgebeutet wurde. Der durch Weide-, Lese-, Streunutzung und Stubbenrodung versehrte Kiefernwald war für Bier ein Patient. Und der war inkontinent, er konnte das Wasser nicht halten, eine der Hauptaufgaben des Waldes.

August Bier erkannte die Notwendigkeit von schützenden Waldrändern, die das Austrocknen durch Winde verhindern sollen. Er ließ Laubholz zur Stabilisierung des

Bodens pflanzen, passte die Wildbestände an, säte nährstoffreiche Leguminosen und erarbeitete einen Betriebsplan zur Dauerbewirtschaftung.

Er heilte seinen Wald nachhaltig, teils mit Wissen, teils durch Erkenntnisse, teils experimentell. Heute hat der Sauener Forst Leitbildfunktion, ist Gegenstand forstwirtschaftlicher Studien und Vorbild in Sachen Naturschutz. August Biers Ansatz war in den 1930er Jahren revolutionär: Er wollte aus dem ausgelaugten Sauener Kiefernwald ein nachhaltiges, robustes Stück Natur schaffen, das wirtschaftlich, ökologisch und sozial genutzt werden konnte. Sein Interesse an der Seele, der er ein ganzes Buch widmete, schien vor der Seele des Waldes nicht haltzumachen. Dennoch war Bier durch und durch Naturwissenschaftler, verließ sich auf Forschungsergebnisse und kombinierte Biologie, Medizin und Forstwirtschaft. Er arbeitete erstaunlich interdisziplinär und setzte beim Wald keine andere Methode an als beim Heilen von Menschen. Was im Ungleichgewicht ist, muss ins Gleichgewicht gebracht werden. Zum Gleichgewicht gehört die Seele. Und die kann nur fließen, wenn nichts blockiert. Ein Wald kann nur wachsen und gedeihen, wenn Licht, Luft und Wasser richtig fließen.

Wenn wir heute ganz selbstverständlich von Blockaden reden, die gelöst werden müssen, von Flow, der einen durchdringen sollte, um kreativ zu sein, von Energien, die fließen müssen – dann hatte August Bier mit Hilfe der Naturwissenschaften genau dazu Lösungen gefunden. Dass winzige Veränderungen Großes bewirken können, brachte ihn medizinisch zur Homöopathie. Auch beim Forstumbau setzte Bier nicht nur auf die großen Veränderungen wie Landzukauf oder Aufforstung durch Laubholz, sondern platzierte kleine Korrekturen da und dort. Bier behandelte den Wald, so wie er die Schwerstverletzten des Ersten Weltkriegs behandelte, daraus seine Lehren zog und den Stahlhelm entwickelte. Die grausamen Kriegserfahrungen machten den Kaisertreuen – er hatte Kaiser Wilhelm II. sogar operiert – nicht zum Pazifisten, aber zum Protektionisten. Der verwahrloste Wald bekam von Bier einen Schutzhelm verpasst, einen, der bis heute wirkt.

Nach der Wende gründeten seine Erben eine Stiftung für Ökologie und Medizin. Und setzen damit fort, was Bier begann: das Gegensätzliche zu einen und interdisziplinär zu handeln. Nur Waldbesitzer sein genügt eben nicht.

Mit seinen medizinischen Experimenten – oft genug an sich selbst – brachte August Bier die Medizingeschichte weiter. Mit dem Experiment Forst Sauen® hat er sich und dem Waldbau ein Denkmal gesetzt, ein sichtbares und ein ideelles. Eines, von dem viele Generationen etwas haben. Weil der waldbeseelte August Bier eben nichts oberflächlich machen konnte.

Unschuldige Fichtenkinder

Ein in sich gewundener Baumstumpf, bis auf zwei Meter Höhe das Holz ekstatisch verdreht, nackt, entrindet und ohne erkennbare Urform. Eine Fichtenleiche. Zerfetztes Holz, das in die Höhe steht wie ein Dorn. Apokalyptische Form inmitten all dem Grün als Symbol der Zerrissenheit und doch perfekt in sich. Fichten verwittern schnell. Der Wind hat das schutzlose Holz glatt geschliffen. Umso verletzlicher sieht das Baumgerippe an den Stellen aus, an denen der Sturm die Brüche herbeigeführt hat. Nicht weit vom Stamm liegen die Äste des Riesen, vielfach gebrochen und gar nicht mehr nackt. Auf ihren ungeraden Flächen haben sich Moose angesiedelt, Klee und da und dort ein Farnkind, das sich in eine Nische gedrückt hat und dort auf wundersame Weise sich ent-blättert, die fedrigen langen Blätter ausrollt und langsam, Jahr für Jahr zu einer mächtigen Schönheit werden wird.

In der Wurfrichtung des Stammes erhebt sich ein Narbenhügel, beschienen von Licht. Der ehemalige stolze Stamm ist verschwunden unter einem hellgrünen Plüsch. Junge Fichten, die sich inflationär dicht angesiedelt haben, weil der neu geschaffene Lichtraum über ihnen so viele Möglichkeiten der Entfaltung bietet. Sie alle sind Nutznießer des Sturmbruchs, haben auf dem alten gefallenen Großvater ihre Wiege errichtet und tummeln sich nun, viel zu viele auf einem Fleck, rangeln um den besten Platz an der Sonne. Manche stehen schon höher als andere, pinseln mit ihren Babynadeln lustige Silhouetten in die Luft. Wieder andere ziehen es vor, in die Breite zu gehen, und krebsen am Waldboden entlang, als seien sie ein Pilzgeflecht. Ihre Farbe passt so gar nicht zum Gedeckten des Novemberwalds. Strahlendes junges Grün, stürmisches Leuchten, unbeherrschter Farbenrausch, Lichtspeicher und schutzloser Rausch. Junge Fichten sind wie junge Hunde. Sie würden herumtollen, wenn sie könnten, so aber drängeln sie sich und strahlen um die Wette, weil die einzige Bewegung, die sie können, ein Nach-oben ist. Wer unten bleibt, hat verloren. Der Baum, auf dessen Resten sie siedeln, hat gegen den Sturm und gegen die Schwerkraft verloren, aber nur, um Leben zu spenden. Jetzt wird er zum unruhig geformten Nährboden. In der kleinen Fichtenschule, die er auf seinem Skelett trägt, hat er sich verewigt und erfüllt den Generationenvertrag des Waldes mit dem Absurdidiom »Totholzverjüngung«. Je nach Mundart auch Rannen- oder Kadaververjüngung. Schöner wird der Begriff nicht für eigentlich Schönes, das durch Verderben entsteht, wenn Pilze und Insekten das Holz zersetzen und dafür sorgen, dass ein Keimling seine Wurzeln in das so aufbereitete Totholz schlägt.

In diesen Minihabitaten wächst er nach, der Rohstoff, aus dem gebaut, geformt, geheizt, der genutzt werden kann. Ewig und immer, wenn es genügend feucht ist und nicht nur die Sonne scheint. Der Klimawandel könnte das Stirb und Werde der Fichten beenden. Und aus den kleinen hoffnungsfrohen Nadeleleven eine Schar Opfer im dürren Kleid machen. Die Ahnung der Apokalypse ist nicht der Anblick von Baumruinen, sondern das fröhliche Bild der Fichtenkinder, die sich nach der Sonne strecken.

Wald hören

Es ist später Herbst. Ich lausche, Millionen Tropfen fallen auf die Kronen des Waldes. Es ist ein brüchig gewordenes Dach mit vielen fadenscheinigen Stellen, durch die nur matt das Herbstlicht dringt. Die Blätter tragen nach dem ersten Frost schon Rot und Braun und Gelb. Immer wieder faszinierend, wie sich aus einem satten Grün eine Camouflage bildet, ein fleckiger Teppich von unglaublicher Schönheit und wilder Verwahrlosung. Leuchtgelb gegen Moderbraun. Feuerrot gegen Schwarzviolett. Tannengrün gegen Lärchenblond. Mein Regen-Wald ist ein Fleckentier geworden, mit einem fiebrigen Farbenübermut, und dabei ein einziger sonorer Klangkörper. Die aufprallenden Regentropfen verursachen ein Crescendo, hüpfen von Blatt zu Blatt und erzeugen eine Kakophonie aus kleinen Trommelwirbeln, die als Orchester ein schwellendes Rauschen ergeben.

Regenrauschen im Wald ist ein einzigartiges Geräusch, nicht zu vergleichen mit Trommeln auf Dächern oder Wiesen, nicht mit Fallgeräuschen auf dem Asphalt. Es ist ein tausendfaches Perlen, Fallen, Perlen, Fallen. Wenn man im Geiste dem Weg eines Regentropfens nachspürt, sieht man den Aufprall des Wassers auf dem zarten und doch so robusten Zellstoff des Blatts, sieht das Wasser hochspritzen, sich verteilen auf anderen Blättern, sieht den Wasserstrom, der sich im Aderwerk der Blätter sammelt und nach unten fällt, von Blatt zu Blatt strömen, bis ein diffuser Streuregen auf der Erde ankommt.

Wer bei Regen durch den Wald läuft, bekommt nur die Ausläufer des Regens mit, vielfach gebrochen durch den Blätterfilter. Die Botenstoffe der Bäume werden mitgeführt bei jedem Fließen und gelangen zu uns, legen sich wie ein Film auf Haut und Haar und lassen uns frisch aussehen.

Doch das ist ein anderes Thema, ich will weiter lauschen.

Je nach Stärke des Regens schwillt der Rauschton an und ab. Er kann so laut werden wie ein 360-Grad-Audio-Konzept. Er kann ganz leise sein und zu einem Grundraunen werden, das wir erst bemerken, wenn es wieder aufhört. Der Regen im Wald ist ein sensibles Instrument, das uns foppt. Unser Gehör lässt sich so gerne einlullen, und nichts schafft das besser als ein gleichmäßiges, sanft gestimmtes Geräusch. Waldregen ist niemals spitz, es ist ein Geräusch, das ganz monoton in die Breite geht. Frequenzen benutzt, die niemals nerven, sondern Nerven beruhigen.

Wir sollten Waldregen als Entstresser mit uns führen, vielleicht als App, als CD oder in der Imagination. Eine Hördusche mit den tausendfach gebrochenen Wassermolekülen ist ein wohltuender Schaum für die Sinne. Wir sind so an akustische Überfrachtung gewöhnt, dass wir Stille kaum noch ertragen, Waldregen ist eine ziemlich geniale Zwischenlösung. Er hat seine eigene Tonleiter aus matten und spitzen Tönen, mischt daraus eine Klangemulsion, die sich pflegend auf unsere Ohren und damit auf unsere Nerven legt. Wie einfach, wie schön, wenn durch eine halbe Stunde Hörduschen der Wald heilende Arbeit leistet, bis zum letzten Augenblick, dem Ende des Regens. Das Wasser sucht noch den Weg, von Blatt zu Blatt bis zur Erde ins Moos, lässt es oszillieren, bis es erst von den Huminstoffen, dann vom Bodensubstrat aufgenommen wird.

Nach dem Regen beginnt die wirkliche Symphonie. Das Leben erwacht wieder. Anfangs vorsichtig mit sanftem leisem Zirpen, steigert es sich bis zum finalen Trommelwirbel des Schwarzspechts, dem Rätschen des Eichelhähers, der den Mitgeschöpfen verrät, dass hier ein Eindringling in den heiligen Hallen unterwegs ist, um den Segen der Natur abzuholen.

Selbst das vorsichtig naschende Reh, das aus dem tropfnassen Zweigdickicht heraustritt, wird aufmerksam und verschwindet, so als wäre es nicht da gewesen. Geheimnisvoll, sinnlich, die hörbare Stille.

Waldliebe

Man hat ja bisweilen romantische Vorstellungen von der Liebe. Dass sie nie aufhört. Dass der Partner, den man wie durch ein Wunder gefunden hat, immer und ewig bei einem bleibt und alle äußeren Veränderungen an einem mit den Augen der Liebe sieht. Dass nichts und niemand einen auseinanderbringen kann und dass die Zeit einfach stehen bliebt, wenn man sie miteinander verbringt, weshalb man so viel wie möglich Zeit miteinander verbringen will. Dieser Zustand ändert sich, aber das lernt man erst später, und bei jeder neuen Liebe geht man von der Urvorstellung aus. Dann gibt es noch ein paar Traumorte, die man gerne in die eine oder andere Liebe miteinflechten würde, weil man rein theoretisch ein ganz bestimmtes Szenario für absolut liebesförderlich hält. Dazu gehören Sonnenuntergänge an Seen, Nachmittage auf einer Decke in der Wiese und der winterliche Waldspaziergang. Vielleicht auch, weil man mit Schnee und Winter viele Szenarien von Wiederkehr verbindet. Weihnachten kehrt wieder und Chanukka und Silvester und Adventssonntage und wir tun alles dazu, dass Rituale in dieser Zeit ihre Chance haben. Plätzchenbacken und Tannenbaumschmücken – und wehe, es werden da nicht die Regeln der Vorjahre eingehalten.

Da man heute auch beim Tannenbaum alles korrekt machen möchte, schlägt man ihn selbst. Dazu gibt es eigens angelegte Tannenschonungen mit schnell wachsenden Nadelbäumchen, die am besten eben nicht in Reih und Glied stehen, sondern so tun, als würden sie mal ein großer Wald werden. Gab es früher das Sprichwort, ein Mann müsse einen Baum gepflanzt, ein Haus gebaut und ein Kind gezeugt haben, tun es heute bescheidenere Karmaregeln. Zum Beispiel zusammen mit der Liebsten einen Baum fällen und ihn dann eigenhändig so zuspitzen, dass er in den Ständer passt. Vorbei die Zeiten, da man am 23. Dezember mal eben um die Ecke ging und einen zerzausten Restposten vom Christbaumhändler rettete. Das Weihnachtsbaumfällen ist zu einem Event geworden und der vermeintliche Wald zum Synonym für ewige Liebe. Oder zumindest ein neues Ritual, das ein Versprechen auf Wiederholung gibt. Ein Bäumchen, das zu Weihnachten geerntet wird, hat immerhin auch schon ein paar Jahre auf dem Buckel und steht für Langlebigkeit, auch wenn es mit dem langen Leben spätestens vier Wochen nach Heiligabend nicht mehr so weit her ist.

Ein Adventssonntag wird auserkoren, um in den Wald zu fahren. Je naturnaher die Schonung ist, desto besser. Denn es soll ja den Eindruck machen, man würde sich den Baum aus dem Wald holen, was ja – täte man's einfach so – verboten ist. Dem Wald darf ohne Erlaubnis nichts entnommen werden. Verbote sind aber der Tod der Romantik. Also geregeltes Fällen. Wer selbst keine Hand anlegen möchte, lässt fällen, aber immerhin ist man bei der Adoption des Weihnachtsbaums dabei. Man prüft gemeinsam die Dichte der Nadeln. Wird er richtig stehen, ist er gerade gewachsen oder ist genau das Exemplar mit der ungleichen Astverteilung richtig für die Ecke?

Weihnachtsbaumkäufe sind vertrauensbildende Maßnahmen. Hier kann alles richtig und viel falsch gemacht werden. Ein harmonisches Baumfällen ist quasi wie der Prüfstein für eine Beziehung. Denn das Bäumchen wird noch Wochen später eine Erinnerung an den gemeinsam verbrachten Tag im Wald sein. »Weißt du noch, wie du den Baum mit den unglaublich langen Ästen nehmen wolltest und wir dann diesen süßen, kleinen, fast runden Baum gesehen haben!« Der süße kleine, fast runde Baum wird dann zum Walddenkmal in der Wohnung. Bringt den Duft von Tannennadeln, Harz und Terpenen mit ins Haus.

Wie gesund das alles ist, wissen wir mittlerweile, dank umfassender Waldaufklärung. Wald ist hipp. Und natürliches Waldaroma ist eine Kraftquelle. Bis heute faszinieren uns Bilder von Menschen, die einen Baum hinter sich herziehend aus dem Wald kommen. Vater und Sohn, Großmutter und Enkelkind, bäuerliche Menschen, die im Winter mühsam geschlagenes Holz nach Hause bringen. Wie romantisch im Bild, wie hart in Wahrheit.

Aber die Romantik ist stärker als die Wirklichkeit. Und unsere Sehnsucht nach poetischer Natur größer als die nach wilder. Der gefällte Weihnachtsbaum aus der Waldschonung ist wie der Blumenstrauß, den man gegen Geld eigenhändig vom Feld pflücken darf. Duft und Farbe stimmen, sogar das Erlebnis prägt sich ein. Den Wald ein ganz klein wenig selbst ernten ist moderne Waldlustbefriedigung.

Das Waldgedächtnis

Große Maschinen fahren durch den Wald. Harvester, auf Deutsch *Holzvollernter* – welch ein Wort! Mit einer PS-Zahl von 190 wälzen sie sich durchs Gehölz. Große und dicht vernetzte Rückegassen brauchen die Giganten, um hauptsächlich Nadelholz zu ernten. Was so viel heißt wie dass sie fällen, entasten und das Holz zerkleinern. Das allerdings können nur die *Hackschnitzelharvester*. Auch ein schönes Wort. Man könnte sich auch ein Bratfleisch aus Tartar darunter vorstellen. Tatsächlich bietet die Forstindustrie unglaublich schöne Fachausdrücke für richtig grobe Arbeit. Das geerntete Holz wird in *Raubeugen* abgelegt, damit der Krangreifer des *Forwarders* sie aufnehmen kann zum Abtransport. Äste werden auf *Rückegassen* verteilt als *Schonpolster* für die Waldriesen, die sich sonst halbmetertief in die weiche Erde graben. Vielleicht ist es falsch, in einem Buch über Waldlust über dröhnende Brummer zu reden, aber der Wald ist eben auch ein Handelsplatz. Holz ernten, verkaufen, neues Holz ansäen, wachsen lassen, ernten. Kreisläufe, die anders als im Ackerbau nicht jedes Jahr wiederholt werden, sondern zwischen den einzelnen Schritten liegen Dezennien, Dekaden.

Vielleicht macht das die Ernte im Wald zu einem anderen Vorgang. Ähnlich wie Käse oder Wein, jahrelange Vorbereitung für den Tag X, an dem die Bäume ihren Platz verlassen müssen, um sich in Hackschnitzel, Papier oder Baumaterial zu verwandeln. Außer im ersten Fall, in dem sie in Rauch aufgehen, haben sie dann ein dauerhaftes Leben. Können Jahrhunderte überdauern und Zeugen aus anderen Zeiten sein. Dann thronen sie als Schränke in Zimmern, verkleiden Häuser oder sind selbst das Haus, werden zu Skulpturen, die nur mehr die innere Struktur der Bäume preisgeben. Was heute die Harvester leisten, haben früher – und früher meint bis vor dreißig, vierzig Jahren – Menschen gemacht. Baum für Baum, Ast für Ast. Das Rücken der Hölzer haben Fluss und Pferd erledigt und manchmal noch ein potenter Traktor. Holzarbeiter waren lange Zeit arme Schweine. Wetter und Wald immer gegen sich und die schwere Fracht womöglich auf Schlitten im Kreuz. Zu Hause angekommen, warteten in den armseligen Katen kinderreiche Familien. Der ach so benötigte Rohstoff, ob als Salinenhölzer oder Befeuerungsmaterial für Öfen aller Art, war so gar kein romantischer Stoff. Dazu machten ihn erst die Dichter zu allen Zeiten: zu einem Denkraum und Sehnsuchtsort, der mit der Wildnis oder einer Wildheit nichts zu tun hat. Das zersplitterte Ländergefüge des neunzehnten Jahrhunderts, das irgendwann einmal Deutschland heißen soll, gewinnt eine gemeinsame Identität im Wald. Dort, wo es im Teutoburger Wald erfolgreich die Römer geschlagen hat und wo wenig später Siegfried seinen verletzlichsten Moment erlebt hat, dorthin zieht es die Ahnung, das Sehnen und die Poetisierung des Waldes.

In der Romantik und ihrer Mittelalterverehrung sowie im großen Andenken an die Märchen und Volkssagen bekommt der Forst neues Leben, ein Leben außerhalb einer Biosphäre. Der Wald wird metaphysisch, ein gedachter Ort voller Geheimnisse und Erweckungsmomente. Besungen, bedichtet, in Opern verarbeitet, zum *New-wave*-Moment umgedacht in *Walden*, dem Buch des ersten Hippie Henry David Thoreau.

Wald ist das, was wir uns vorstellen, nicht das, was er ist. Idealisiert in Bildern bis heute. Wald ist im deutschen Denken ein Heiligtum. Wo in den angelsächsischen Ländern ein *nature writing* floriert, gibt es in Deutschland Begriffe wie *Waldeinsamkeit* und *Waldliteratur*. Der Wald ist das Maß aller natürlichen Dinge. Ausgeblendet werden Leuchtwesten, Absperrmarkierungen, Hackschnitzelharvester und ruppige Forstwirtschaft, die den Bäumeumarmern, der *tree hugging society*, ein Gräuel ist. Und das, obwohl die Waldwirtschaft eine echte, eine rentable Wirtschaft ist.

Wir lieben die Idee eines Waldes und würden uns doch nachts in ihm fürchten. Wir lieben Tannengrün und können eine Fichte nicht von einer Tanne unterscheiden. Wir lieben Weihnachtsbäume, obwohl deren Plantagen so wenig mit Wald zu tun haben wie Kunsthonig mit Bienen.

Der Wald soll unser Vademecum, unser Seelenbalsam sein. Ein idealer Ort, seit wir uns haben erklären lassen, wie Bäume kommunizieren, dass uns deren Terpene glücklich machen und dass ein Walk durch die kronenbeschattete Landschaft unsere Stressatoren herunterbringt. Wir lieben Ausstellungen über den Wald, wir lieben Aktionen rund um den Baum, wir lieben Texte und Bilder über den Wald. Ohne uns einen Schritt in ihn hineinzubegeben, wir wandern im Geiste, Imaginieren ist das neue Erfahren. *Nature imagination* macht da schon die Sinne frei und bewegt im Kopf, wo sonst nur Botenstoffe der Bäume dieses leisten können. Wirklich? Genügt es uns, vom Wald zu träumen, oder wollen wir ihm »begegnen«, seine Strukturen spüren, seine Unordnung und Ordnung, seine Gestalt erfassen, mit allem was dazu gehört? Also mit Jagen und Fischen, mit Holz ernten, mit Rückegassen und Treibjagden, mit Borkenkäfern und Wölfen und mit Naturschutzverordnungen und Eigentumsverhältnissen.

Der Wald ist keine Vorstellung, sondern ein Faktum, das wissen alle, die einen Wald haben und sich mit den Pflichten und Rechten beschäftigen müssen. Der Wald muss für vieles und für viele herhalten. Kein Wunder, warum wir ihn mystifizieren. Er ist Alpha und Omega, Anfang und Ende. Urwald und Waldherrlichkeit. Ökologisches Gleichgewicht und Raubbauterrain. Ideal und Chaos, Gefahr und Arkadien. Der Wald ist ein Erfüllungsort, eine Vorlage, eine Bespielfläche, auf der wir Vergangenheit, Gegenwart und

Zukunft vereinen. Wir sehen heute, was vor hundert Jahren gepflanzt wurde. Und wir diskutieren, was gepflanzt werden muss, um in hundert Jahren aus Hunderten und Tausenden Bäumen noch einen Wald werden zu lassen. Welches Klima werden wir haben, und welche Bäume halten das aus? Den Wald zu erhalten ist schon seit Jahrhunderten keine reine Sache der einen Natur, sondern des sorgsamen Forstens, mal mehr und mal weniger zukunftsweisend, mal mehr und mal weniger idyllisch. Rückegassen sind nicht idyllisch, Baumsägen sind kein Spechtruf, digital gesteuerte Entaster sind kein Feengesang. Aber alle auch notwendig, um den Sehnsuchtsort zu erhalten. Ihn in seiner Form zu erhalten oder zu erweitern.

Dennoch ist der Wunsch nach Walderfahrung, nach Waldgefühl und unserem ganz persönlichen inneren Waldmuster groß. Wir wollen alles. Der Wald ist unser all-inclusive-Paket. Unser Natur-Gedächtnis. Und zwar eines, das neben dem Urwüchsigen auch all unsere Kultur birgt. Unser Ideal bis heute, in Zeiten verdichteten Lebens und Wohnens, Arbeitens und naturnaher Lebensgestaltung – und sei sie nur imaginiert.

Danksagung

Ein ganz herzlicher Dank geht an meinen Verleger *Johannes Thiele* für seine Liebe zu schön gemachten Büchern und diesem besonderen Raum für Poesie.

Da aber Poesie nicht alles ist, sondern Wissen, Kenntnis und Erfahrung dazu gehören, habe ich mir fachlichen Rat geholt. Mein ganz besonderer Dank gilt deshalb *Bernd Lauterbach*, Förster und Revierleiter in einem der romantischsten Waldgebiete Deutschlands.

ISBN 978-3-99056-075-4

Covergestaltung: Christine Paxmann Text • Konzept • Grafik,
München, unter Verwendung eines Bildes von Paul Cézanne
Illustrationen: Christine Paxmann, München
Gesamtgestaltung: Christine Paxmann
Text • Konzept • Grafik, München

Druck und Bindung: CPI books

www.thiele-verlag.com